Final Cut
短视频剪辑
零基础一本通

林菁 陈思屹 —— 著

U0287832

人民邮电出版社

北　京

图书在版编目（CIP）数据

Final Cut短视频剪辑零基础一本通 / 林菁，陈思屹著. -- 北京：人民邮电出版社，2024.5
ISBN 978-7-115-64038-3

Ⅰ. ①F… Ⅱ. ①林… ②陈… Ⅲ. ①视频编辑软件
Ⅳ. ①TP317.53

中国国家版本馆CIP数据核字(2024)第062005号

内 容 提 要

本书循序渐进地讲解了使用Final Cut Pro进行短视频剪辑的方法和技巧，可以帮助读者轻松、快速地掌握Final Cut Pro的操作方法。全书共9章，主要内容包括Final Cut Pro的基本操作、剪辑技巧、添加音频、添加字幕、转场效果、动画合成、画面调色、视频输出、项目管理及综合实例等。

本书提供了案例配套素材及教学视频，方便读者边学边练，提高学习效率。本书适合广大视频创作爱好者、自媒体运营人员，以及想要寻求突破的新媒体平台工作人员、电商营销与运营人员等学习和使用。

- ◆ 著　　　　林　菁　陈思屹
  责任编辑　张　贞
  责任印制　周昇亮
- ◆ 人民邮电出版社出版发行　　北京市丰台区成寿寺路 11 号
  邮编　100164　电子邮件　315@ptpress.com.cn
  网址　https://www.ptpress.com.cn
  北京九天鸿程印刷有限责任公司印刷
- ◆ 开本：889×1194　1/32
  印张：4.5　　　　　　　　2024 年 5 月第 1 版
  字数：192 千字　　　　　　2024 年 5 月北京第 1 次印刷

定价：39.80 元

读者服务热线：**(010)81055296**　印装质量热线：**(010)81055316**
反盗版热线：**(010)81055315**
广告经营许可证：京东市监广登字 20170147 号

前　言

　　Final Cut Pro是由苹果公司推出的一款操作简单、功能强大的视频编辑软件，其简洁、精巧的操作界面和强大的视频剪辑功能可以帮助创作者轻松、高效地完成视频项目的剪辑工作。本书精选大量视频案例，以案例实操的方式帮助读者全面了解软件的功能，做到学用结合。希望读者能通过学习，做到举一反三，轻松掌握这些功能，从而制作出精彩的视频。

本书特色

　　全案例式教学、一学就会：本书没有过多的枯燥理论，采用"案例式"的教学方法，通过实用性极强的实战案例，为读者讲解使用Final Cut Pro进行剪辑的实用技巧，步骤详细，简单易懂。

　　内容由易到难、全面新颖：本书内容由易到难，全面、新颖，且难度适中。从基础功能出发，采用案例实操的方式，对Final Cut Pro的基本剪辑功能、调色功能、音频效果、滤镜效果、转场效果、字幕效果等进行全方位讲解。

　　附赠视频课程、边看边学：本书提供专业讲师的讲解视频，读者不仅可以按照步骤制作视频，还可以观看配套讲解视频。

资源下载说明

　　本书附赠案例配套素材与教学视频，扫码添加企业微信，回复数字"64038"，即可获得配套资源的下载链接。资源下载过程中如遇到困难，可联系客服解决。

资　源　下　载
扫　描　二　维　码
下载本书配套资源

笔　者

目 录 CONTENTS

第 1 章　软件入门：Final Cut Pro 的基本操作

第 2 章　基础剪辑：Final Cut Pro 的剪辑技巧

第 3 章　添加音频：享受声音的动感魅力

第 4 章　添加字幕：让视频锦上添花

第 5 章　转场效果：让画面切换更流畅

第 1 章

软件入门: Final Cut Pro 的基本操作

Final Cut Pro 是苹果公司推出的视频编辑软件。通过该软件，用户可以修剪视频中不完美的部分，并对片段进行调整和重组，从而简单、高效地完成视频的编辑。本章将介绍该软件的各种基础操作，包括创建项目、添加素材、设置入点和出点等内容。通过对本章的学习，读者可以初步了解 Final Cut Pro 的基本应用方法。

1.1 启动软件 认识 Final Cut Pro

在 macOS 中安装 Final Cut Pro 后，需要通过"启动台"功能才能启动 Final Cut Pro。下面介绍如何启动 Final Cut Pro。

步骤 01 在计算机桌面底部的程序坞中，单击"启动台"图标，如图 1-1 所示。

步骤 02 打开"启动台"程序窗口，单击 Final Cut Pro 图标，如图 1-2 所示。

图 1-1

图 1-2

步骤 03 进入 Final Cut Pro 的启动界面，如图 1-3 所示。

步骤 04 稍等片刻后，将进入 Final Cut Pro 的工作界面，如图 1-4 所示。

图 1-3

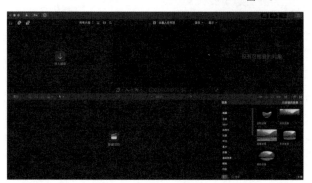

图 1-4

■■■ 提示

Final Cut Pro 中只显示一个"检视器"窗口，它既可以用于预览"事件浏览器"窗口中的媒体文件，又可以用于预览"磁性时间线"窗口中的项目文件。

1.2 自定义布局 个人专属界面

在 Final Cut Pro 中，用户可以通过调整工作界面中各窗口的大小来创建最适合自己的工作界面。下面讲解自定义工作界面布局的具体操作方法。

步骤 01 启动 Final Cut Pro，进入工作界面，将鼠标指针悬停在"事件浏览器"窗口与"检视器"窗口之间的垂直分割条上。当鼠标指针变为左右双向箭头形状时，按住鼠标左键并向左拖曳，如图 1-5 所示。

步骤 02 参照上述方法将"事件资源库"窗口与"事件浏览器"窗口之间的垂直分割条向左拖曳。

步骤 03 将鼠标指针悬停在"检视器"窗口与"磁性时间线"窗口之间的水平分割条上，当鼠标指针变为上下双向箭头形状时，按住鼠标左键并向下拖曳，如图 1-6 所示。

图 1-5

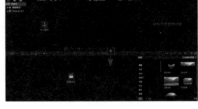

图 1-6

步骤 04 经过调整后，工作界面中相应窗口的大小将发生变化，如图 1-7 所示。

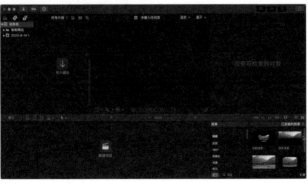

图 1-7

■ 提示

调整一个窗口的大小时，与之相邻的窗口的大小也会相应地被调整。例如，将"事件浏览器"窗口与"检视器"窗口之间的垂直分割条向左拖曳，使"事件浏览器"窗口缩小，"检视器"窗口会随之变大。

1.3 新建资源库 存储项目文件

首次打开Final Cut Pro时，整个工作界面都是空白的。此时需要新建一个类似于"文件夹"的资源库才能保存和编辑媒体素材。下面介绍新建资源库的具体方法。

步骤 01 启动Final Cut Pro，执行"文件"|"新建"|"资源库"命令，如图1-8所示。

步骤 02 打开"存储"对话框，设置新资源库的存储位置，并将新资源库的名称设置为"Final Cut教学"，如图1-9所示。

图 1-8

图 1-9

■■■ 提示

在Final Cut Pro中，资源库包含之后剪辑工作中的所有事件、项目以及媒体文件。所以在选择其存储位置时，应尽量使用外部连接的硬盘，并对媒体文件进行备份。

步骤 03 单击"存储"按钮，"事件资源库"窗口中会显示创建好的资源库，并且新添加的资源库中会自动创建一个以日期为名称的新事件，如图1-10所示。

图 1-10

■■■ 提示

如果工作界面中没有显示资源库边栏，可以单击"事件资源库"窗口左上角的"显示或隐藏资源库边栏"按钮 ▦▦ 显示资源库边栏。在Final Cut Pro中，按钮为蓝色时表示按钮对应的功能处于激活状态。

1.4 打开资源库 剪辑必要操作

再次打开Final Cut Pro时，该软件会默认打开上一次工作时所编辑的内容，以便用户继续进行编辑工作。如果需要切换资源库，则可以先打开资源库，再将编辑后的资源库关闭。下面介绍打开和关闭资源库的具体方法。

步骤 01 执行"文件"|"打开资源库"|"其他"命令，如图1-11所示。

步骤 02 打开"打开资源库"对话框，在对话框的列表框中选择"晴空万里"资源库，如图1-12所示。

图 1-11　　　　　　　　　　　　图 1-12

■ **提示**

在打开资源库时，可以直接在"打开资源库"子菜单中打开最近编辑过的资源库。当打开多个资源库时，在"事件资源库"窗口中，资源库将会按照打开的先后顺序进行排列，最新打开的资源库位于最上方。

步骤 03 在对话框中单击"选取"按钮，即可打开选择的资源库。

步骤 04 执行"文件"|"关闭资源库'晴空万里'"命令，如图1-13所示，即可关闭已经打开的资源库。"事件资源库"窗口中将不再显示该资源库，如图1-14所示。

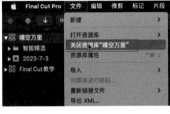

图 1-13　　　　　　　　　　　　图 1-14

■ **提示**

除了上述方法，用户还可以直接在"事件资源库"窗口中选择需要关闭的资源库，然后用鼠标右键单击，在弹出的快捷菜单中选择"关闭资源库"命令关闭资源库。

1.5　新建事件　时尚艺术展览

事件用来存放各种项目、视频等文件，在资源库中需要先添加一个事件，才能进行项目的存放。下面介绍新建事件的具体操作方法。

步骤 01 执行"文件"|"新建"|"事件"命令，如图1-15所示。

步骤 02 打开"新建事件"对话框，设置"事件名称"为"时尚艺术展览"，如图1-16所示。

图 1-15 　　　　　　　　　　　　　　　图 1-16

■■■ **提示**

除了上述方法，用户还可以直接用鼠标右键在"事件资源库"窗口的空白处单击，在弹出的快捷菜单中选择"新建事件"命令进行事件的新建。

步骤 03 其他参数保持默认设置，单击"好"按钮，即可在"事件资源库"窗口中新建一个事件，如图1-17所示。

图 1-17

■■■ **提示**

当需要删除多余的事件时，可以通过"将事件移到废纸篓"命令来实现。

步骤 04 在"事件资源库"窗口中选择需要删除的事件，然后用鼠标右键单击，在弹出的快捷菜单中选择"将事件移到废纸篓"命令，如图1-18所示。

步骤 05 弹出提示对话框，单击"继续"按钮，如图1-19所示，即可删除多余的事件。

图 1-18 　　　　　　　　　　　　　图 1-19

■■■ **提示**

除了上述方法，用户还可以在选择需要删除的事件后，按快捷键Command+Delete进行事件的删除操作。

1.6 创建项目 日常探店记录

使用"自动设置"时，默认新建项目的规格会根据第一个视频片段的属性来进行设定，并且音频设置与渲染编码格式是固定的。下面介绍使用"自动设置"创建项目的方法。

步骤 01 在"事件资源库"窗口中选择事件，然后执行"文件"|"新建"|"项目"命令，如图1-20所示。

步骤 02 打开"新建项目"对话框，设置"项目名称"为"日常探店记录"，然后单击"使用自动设置"按钮，如图1-21所示。

图 1-20

图 1-21

步骤 03 切换至"项目设置"对话框，单击"好"按钮，如图1-22所示。
步骤 04 执行操作后，即可创建一个项目，如图1-23所示。

图 1-22

图 1-23

■■■ **提示**

"自动设置"中的各项设定与"自定设置"基本相同。

步骤 05 创建好项目文件后，在"事件浏览器"窗口中选择项目文件图标，如图1-24所示，然后双击，即可打开项目文件进行预览。

图 1-24

1.7 添加素材 冬日运动记录

在创建资源库、事件和项目后，需要导入媒体文件，才能进行后期编辑操作。下面介绍在 Final Cut Pro 中导入媒体文件的方法。

步骤 01 新建资源库、事件与项目，设置资源库名称为"第1章"，事件名称为"1.7冬日运动记录"，之后，执行"文件"|"导入"|"媒体"命令，如图 1-25 所示。

图 1-25

步骤 02 打开"媒体导入"对话框，在对话框中选择需要导入的媒体文件，单击"导入所选项"按钮，如图 1-26 所示。

图 1-26

步骤 03 在"事件浏览器"窗口中可以看到导入的媒体文件，如图 1-27 所示。

图 1-27

■ 提示

在选择需要导入的媒体文件时，按快捷键 Command+A 可以进行全选。当需要选择相邻的一组媒体文件时，可以在选择第一个媒体文件后，按住 Shift 键选择最后一个媒体文件。当需要选择特定的几个媒体文件时，可以先选择其中一个，然后在按住 Command 键的同时进行选择。如果已经将需要导入的媒体文件整理到同一文件夹内，则可以直接导入该文件夹。

1.8　添加元数据 萌宠日常碎片

在添加片段素材后，除了可以在"信息检查器"窗口中显示固定的基本信息，还可以对片段的元数据进行自定义设置。下面介绍手动添加元数据的方法。

步骤 01　执行"文件"|"新建"|"事件"命令，如图1-28所示，打开"新建事件"对话框，设置"事件名称"为"1.8 萌宠日常碎片"，单击"好"按钮，新建一个事件，如图1-29所示。

图 1-28　　　　　　　　　　　图 1-29

步骤 02　用鼠标右键在"事件浏览器"窗口的空白处单击，打开快捷菜单，选择"导入媒体"命令，如图1-30所示。

步骤 03　打开"媒体导入"对话框，在"名称"下拉列表中选择对应文件夹下的"1.8 萌宠日常碎片"视频素材，在"文件"选项区中选中"让文件保留在原位"单选按钮，如图1-31所示。

图 1-30　　　　　　　　　　　　　　图 1-31

步骤 04　单击"导入所选项"按钮，即可将选择的视频素材导入"事件浏览器"窗口，如图1-32所示。

步骤 05　选择已经导入的视频片段，在"信息检查器"窗口中，单击"设置"下拉按钮，展开下拉列表，选择"通用"选项，如图1-33所示。

图 1-32　　　　　　　　　　　图 1-33

步骤06 此时"信息检查器"窗口中的相关元数据选项发生了变化。在"场景"文本框中输入场景名称,为片段手动添加元数据,如图1-34所示。

■■■ **提示**

根据不同的需要,用户可以在"信息检查器"窗口中通过切换元数据视图为片段添加不同的元数据,如景别、摄像机的型号与角度、角色类型等。

图 1-34

1.9 自定义关键词 动物园一日游

在Final Cut Pro中,使用"显示关键词编辑器"命令可以在已添加的媒体片段上添加关键词。下面将详细介绍自定义关键词的方法。

步骤01 执行"文件"|"新建"|"事件"命令,打开"新建事件"对话框,设置"事件名称"为"1.9 动物园一日游",单击"好"按钮,新建一个事件。

步骤02 用鼠标右键在"事件浏览器"窗口的空白处单击,打开快捷菜单,选择"导入媒体"命令,如图1-35所示。

步骤03 打开"媒体导入"对话框,在"名称"下拉列表中选择对应文件夹下需要使用的视频素材,然后单击"导入所选项"按钮,如图1-36所示。

图 1-35

图 1-36

步骤 04 选择的视频素材被导入"事件浏览器"窗口，如图 1-37 所示。

步骤 05 选择视频片段，执行"标记"|"显示关键词编辑器"命令，如图 1-38 所示。

图 1-37

图 1-38

步骤 06 打开"'1.9动物园一日游'的关键词"对话框，在文本框中输入关键词"孔雀"，如图 1-39 所示。

步骤 07 关闭对话框，完成关键词的自定义添加。被选择的视频片段上将显示一条蓝色的水平线，如图 1-40 所示。相应的事件下也会自动创建关键词精选。

图 1-39

图 1-40

1.10 关键词精选 治愈系猫咪

使用"新建关键词精选"命令可以直接新建关键词精选，之后可进行重命名操作。下面将详细讲解新建关键词精选的方法。

步骤 01 执行"文件"|"新建"|"事件"命令，打开"新建事件"对话框，设置"事件名称"为"1.10 治愈系猫咪"，单击"好"按钮，新建一个事件。

步骤 02 用鼠标右键在"事件浏览器"窗口的空白处单击，打开快捷菜单，选择"导入媒体"命令，打开"媒体导入"对话框，在"名称"下拉列表中选择对应文件夹下的"1.10治愈系猫咪"视频素材，然后单击"导入所选项"按钮，如图 1-41 所示。

步骤 03 选择的视频素材被导入"事件浏览器"窗口，如图 1-42 所示。

图 1-41

步骤 04　选择新添加的事件，然后用鼠标右键单击，在弹出的快捷菜单中选择"新建关键词精选"命令，如图 1-43 所示。

步骤 05　所选事件下方将会显示一个文本框，输入"猫咪"，如图 1-44 所示，完成关键词精选的添加与重命名操作。

图 1-42

图 1-43

图 1-44

步骤 06　在"事件浏览器"窗口中选择导入的视频片段，按住鼠标左键将其拖曳至关键词精选上时，将显示一个带"+"的绿色圆形标记，如图 1-45 所示。

步骤 07　释放鼠标左键，即可将该片段添加至关键词精选下，单击该关键词精选，会出现相应的片段，如图 1-46 所示。

图 1-45

图 1-46

将设置好入点和出点的片段拖曳到关键词精选中后，只有入点和出点之间的部分被添加关键词，相应关键词精选中也仅显示入点和出点之间的片段内容。

1.11　过滤器查找　超萌可爱狗狗

在 Final Cut Pro 中，通过过滤器不仅可以搜索关键词，还可以查找元数据信息。下面将详细讲解利用过滤器查找元数据信息的方法。

步骤 01　执行"文件"|"新建"|"事件"命令，打开"新建事件"对话框，设置"事件名称"为"1.11 超萌可爱狗狗"，单击"好"按钮，新建一个事件。

图 1-47

步骤 02　用鼠标右键在"事件浏览器"窗口的空白处单击，打开快捷菜单，选择"导入媒体"命令，打开"媒体导入"对话框，在"名称"下拉列表中选择对应文件夹下的"1.11 超萌可爱狗狗"视频素材，然后单击"导入所选项"按钮，将选择的视频素材导入"事件浏览器"窗口，如图 1-47 所示。

步骤 03　选择新添加的片段，然后在"信息检查器"窗口的"场景"文本框中输入"中景"，如图 1-48 所示。

图 1-48

步骤 04　用鼠标右键在新添加的事件上单击，在弹出的快捷菜单中选择"新建智能精选"命令，如图 1-49 所示。

步骤 05　添加一个智能精选，事件下将显示一个文本框，输入"场景"，如图 1-50 所示。

图 1-49

图 1-50

步骤 06 双击新添加的智能精选，打开"智能精选：场景"对话框，单击 ➕ 按钮，在该下拉列表中选择"格式信息"选项，如图 1-51 所示。

步骤 07 添加一个"格式信息"过滤条件，在中间的两个下拉列表中依次选择"场景"和"包括"选项，在文本框中输入"中景"，如图 1-52 所示。

图 1-51

图 1-52

步骤 08 此时相应的智能精选中将筛选出前面手动添加的"场景"关键字的元数据片段，如图 1-53 所示。

图 1-53

1.12 浏览素材片段　静看春暖花开

在"事件浏览器"窗口中预览片段的方法有很多种，可以通过鼠标实时浏览片段，也可以通过"浏览"命令进行片段浏览。下面将介绍通过"浏览"命令浏览片段的具体方法。

步骤 01 执行"文件"|"新建"|"事件"命令，打开"新建事件"对话框，设置"事件名称"为"1.12 静看春暖花开"，单击"好"按钮，新建一个事件。

步骤 02 用鼠标右键在"事件浏览器"窗口的空白处单击，打开快捷菜单，选择"导入媒体"命令，打开"媒体导入"对话框，在"名称"下拉列表中选择对应文件夹下的"1.12 静看春暖花开"视频素材，然后单击"导入所选项"按钮，将选择的视频素材导入"事件浏览器"窗口，如图 1-54 所示。

步骤 03 执行"显示"|"浏览"命令，如图 1-55 所示。

■ **提示**

在浏览片段时，如果需要同时对声音进行浏览，则可以执行"显示"|"音频浏览"命令。

图 1-54　　　　　　　　　　　　　图 1-55

步骤 04　将鼠标指针悬停在片段缩略图上，当鼠标指针变为抓手形状时，左右移动鼠标指针，即可浏览所选片段，"检视器"窗口中也会显示相应的片段，如图 1-56 所示。

图 1-56

■■ **提示**

选中片段后，片段的外部会显示一个黄色的外框，且缩略图上会出现两条垂直线。红色垂直线为扫视播放头，表示浏览时的实时位置，它会随着鼠标指针的位置变化而变化；白色垂直线表示在选择该片段时播放指示器（即时间线）所在的位置，一般不会发生变化。

1.13　入点和出点 玫瑰花的浪漫

在编辑视频的过程中，如果仅需要所选片段的部分内容，可以在"事件浏览器"窗口中通过调整入点与出点的位置为片段设置一个选择的范围。在 Final Cut Pro 中，通过鼠标调整片段黄色外框的大小，可以调整入点和出点的位置。下面将介绍调整入点和出点位置的具体操作方法。

步骤 01　执行"文件"|"新建"|"事件"命令，打开"新建事件"对话框，设置"事件名称"为"1.13 玫瑰花的浪漫"，单击"好"按钮，新建一个事件。

步骤 02 用鼠标右键在"事件浏览器"窗口的空白处单击，打开快捷菜单，选择"导入媒体"命令，打开"媒体导入"对话框，在"名称"下拉列表中选择对应文件夹下的"1.13玫瑰花的浪漫"视频素材，然后单击"导入所选项"按钮，将选择的视频素材导入"事件浏览器"窗口，如图 1-57 所示。

步骤 03 选择视频片段，将鼠标指针悬停在左侧黄色外框上，当鼠标指针变成双向箭头形状时，按住鼠标左键并向右拖曳，调整片段的入点位置，如图 1-58 所示。

图 1-57

图 1-58

步骤 04 将鼠标指针悬停在片段右侧黄色外框上，当鼠标指针变成双向箭头形状时，按住鼠标左键并向左拖曳，调整片段的出点位置，如图 1-59 所示，完成片段入点和出点的调整。

图 1-59

1.14　添加标记　古风典雅茶室

标记可以起到提示作用，如标记镜头的运动方向、镜头抖动问题等。下面将详细讲解添加与修改标记的方法。

步骤 01 执行"文件"|"新建"|"事件"命令，打开"新建事件"对话框，设置"事件名称"为"1.14古风典雅茶室"，单击"好"按钮，新建一个事件。

步骤 02 用鼠标右键在"事件浏览器"窗口的空白处单击，打开快捷菜单，选择"导入媒体"命令，打开"媒体导入"对话框，在"名称"下拉列表中选择相应文件夹下的"1.14古风典雅茶室"视频素材，然后单击"导入所选项"按钮，将选择的视频素材导入"事件浏览器"窗口，如图 1-60 所示。

步骤 03 按空格键播放片段，然后在需要标记的位置按空格键暂停播放，再执行"标记"|"标记"|"添加标记"命令，如图 1-61 所示。

图 1-60 图 1-61

步骤 04 指定的位置添加了一个蓝色的标记，如图 1-62 所示。

步骤 05 如果需要对标记进行注释说明，则双击添加的标记，打开相应对话框，输入内容，如图 1-63 所示，单击"完成"按钮即可。

图 1-62 图 1-63

步骤 06 如果要微调标记的位置，则可以执行"标记"|"标记"命令，在展开的子菜单中选择"向左挪动标记"或"向右挪动标记"命令，如图 1-64 所示。

步骤 07 如果要复制标记，则在选择标记后用鼠标右键单击，在弹出的快捷菜单中选择"拷贝标记"命令，如图 1-65 所示，然后重新指定播放指示器的位置，按快捷键Command+V粘贴标记即可。

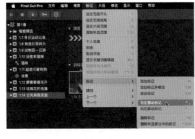 

图 1-64 图 1-65

第 2 章

基础剪辑: Final Cut Pro 的剪辑技巧

　　将素材文件导入事件浏览器后，需要对片段进行剪辑与整合，进一步创建出完整的故事情节。本章将介绍片段编辑的各项基本操作，帮助读者掌握调整试演片段、编辑复合片段、多机位剪辑等剪辑技法。

2.1　调整位置　婚礼相册展示

新建项目文件后，"磁性时间线"窗口的视频轨道上是没有任何媒体素材的。因此，在剪辑媒体素材之前，需要先将"事件浏览器"窗口中已经筛选好的片段添加至"磁性时间线"窗口的视频轨道上。如果需要调整某个视频片段的位置，则可以通过鼠标进行拖曳。下面介绍调整片段位置的具体方法。

步骤01　启动 Final Cut Pro，执行"文件"|"新建"|"资源库"命令，打开"存储"对话框，设置新资源库的存储位置，并设置新资源库的名称为"第2章"，单击"存储"按钮，新建一个资源库。

步骤02　用鼠标右键在"事件资源库"窗口的空白处单击，在弹出的快捷菜单中选择"新建事件"命令，打开"新建事件"对话框，设置"事件名称"为"2.1 婚礼相册展示"，单击"好"按钮，新建一个事件。

步骤03　用鼠标右键在"事件浏览器"窗口的空白处单击，打开快捷菜单，选择"导入媒体"命令，打开"媒体导入"对话框，在"名称"下拉列表中选择对应的素材文件夹，如图 2-1 所示。

图 2-1

步骤04　单击"导入所选项"按钮，将选择的素材导入"事件浏览器"窗口，如图 2-2 所示。

图 2-2

步骤05　在"事件浏览器"窗口中选择所有素材，按住鼠标左键将其拖曳至"磁性时间线"窗口的视频轨道上。在拖曳过程中，鼠标指针右下角有一个带"+"的绿色圆形标记，如图 2-3 所示。

步骤06　释放鼠标左键，即可将选择的素材添加至"磁性时间线"窗口的视频轨道上，如图 2-4 所示。

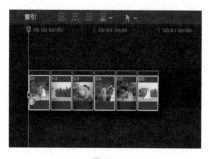

图 2-3   图 2-4

步骤 07 在"磁性时间线"窗口的视频轨道上，选择左侧的素材01，按住鼠标左键进行拖曳，如图 2-5 所示。

步骤 08 将素材01拖曳至素材06的右侧，释放鼠标左键，即可调整片段的位置，如图 2-6 所示。

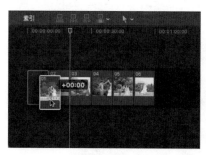

图 2-5   图 2-6

 提示

在对片段进行拖曳时，片段上会出现白色的数字，表示该片段在轨道上移动的位置。片段向左移动时，数字前的符号为"–"；向右移动时，数字前的符号为"+"。

2.2 分离音频 萌娃成长日记

在Final Cut Pro中编辑视频素材时，使用"分离音频"功能可以将视频中的音频素材分离出来，以便单独对视频或音频素材进行操作。下面介绍分离音频的具体方法。

步骤 01 用鼠标右键在"事件资源库"窗口的空白处单击，在弹出的快捷菜单中选择"新建事件"命令，打开"新建事件"对话框，设置"事件名称"为"2.2 萌娃成长日记"，单击"好"按钮，新建一个事件。

步骤 02 用鼠标右键在"事件浏览器"窗口的空白处单击，打开快捷菜单，选择"导入媒体"命令，打开"媒体导入"对话框，在"名称"下拉列表中选择对应文件夹下的"2.2 萌娃成长日记"视频素材，如图 2-7 所示。

步骤 03 单击"导入所选项"按钮，将选择的视频素材导入"事件浏览器"窗口，如图 2-8 所示。

图 2-7 图 2-8

步骤 04 选择视频片段，将其添加至"磁性时间线"窗口的视频轨道上，如图 2-9 所示。

步骤 05 用鼠标右键单击视频片段，打开快捷菜单，选择"分离音频"命令，如图 2-10 所示。

图 2-9 图 2-10

步骤 06 将素材片段中的音频和视频分离，并分别显示在"磁性时间线"窗口中的视频轨道和音频轨道上，如图 2-11 所示。

图 2-11

■ **提示**

除了上述方法，用户还可以在选择视频片段后，执行"片段"|"分离音频"命令来实现视频和音频的分离。

2.3　连接片段　宅家美好时光

通过"连接"方式，可以将选择的片段连接到主要故事情节中现有的片段上。下面介绍如何运用"连接"方式添加片段。

步骤 01　用鼠标右键在"事件资源库"窗口的空白处单击，在弹出的快捷菜单中选择"新建事件"命令，打开"新建事件"对话框，设置"事件名称"为"2.3 宅家美好时光"，单击"好"按钮，新建一个事件。

步骤 02　用鼠标右键在"事件浏览器"窗口的空白处单击，打开快捷菜单，选择"导入媒体"命令，打开"媒体导入"对话框，在"名称"下拉列表中选择对应的素材文件夹，如图 2-12 所示。

图 2-12

步骤 03　单击"导入所选项"按钮，将选择的视频素材导入"事件浏览器"窗口，如图 2-13 所示。

图 2-13

步骤 04　在"事件浏览器"窗口中选择素材 01，将其添加至"磁性时间线"窗口的视频轨道上，然后将播放指示器移至 00:00:03:04 位置，如图 2-14 所示。

步骤 05　在"事件浏览器"窗口中选择素材 02，如图 2-15 所示，然后在"磁性时间线"窗口的左上方单击"将所选片段连接到主要故事情节"按钮。

图 2-14

图 2-15

步骤 06 通过"连接"方式将选择的片段添加至"磁性时间线"窗口的主要故事情节上方，如图 2-16所示。

图 2-16

■■**提示**

通过"连接"方式可以将选择的片段直接拖曳到轨道上并与主要故事情节相连，作为连接片段存在的视频片段排列在主要故事情节的上方，而音频片段则排列在下方。

2.4 插入片段 古镇风光大片

通过"插入"方式可以将所选片段插入指定的位置。插入片段后，轨道上故事情节的持续时间将会延长。下面介绍如何运用"插入"方式添加片段。

步骤 01 用鼠标右键在"事件资源库"窗口的空白处单击，在弹出的快捷菜单中选择"新建事件"命令，打开"新建事件"对话框，设置"事件名称"为"2.4 古镇风光大片"，单击"好"按钮，新建一个事件。

步骤 02 用鼠标右键在"事件浏览器"窗口的空白处单击，打开快捷菜单，选择"导入媒体"命令，打开"媒体导入"对话框，在"名称"下拉列表中选择对应的素材文件夹，如图 2-17所示。

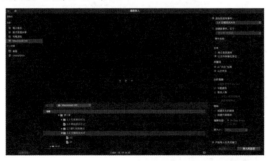

图 2-17

步骤 03 单击"导入所选项"按钮，将选择的视频素材导入"事件浏览器"窗口，如图 2-18所示。

图 2-18

步骤 04 在"事件浏览器"窗口中选择素材01，将其添加至"磁性时间线"窗口的视频轨道上，如图 2-19 所示。

步骤 05 将播放指示器移至00:00:09:05位置，在"事件浏览器"窗口中选择素材02，如图 2-20 所示。

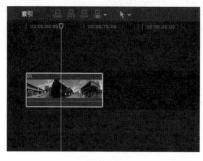 

图 2-19   图 2-20

步骤 06 在"磁性时间线"窗口的左上方单击"所选片段插入主要故事情节或所选故事情节"按钮 ，以"插入"方式将选择的片段添加至"磁性时间线"窗口的视频片段中间，如图 2-21 所示。

图 2-21

2.5 追加片段 古风寺庙祈福

用"追加"方式可以将新的片段添加到故事情节的末尾，并且不受播放指示器位置的影响。下面介绍如何运用"追加"方式添加片段。

步骤 01 用鼠标右键在"事件资源库"窗口的空白处单击，在弹出的快捷菜单中选择"新建事件"命令，打开"新建事件"对话框，设置"事件名称"为"2.5 古风寺庙祈福"，单击"好"按钮，新建一个事件。

步骤02 用鼠标右键在"事件浏览器"窗口的空白处单击，打开快捷菜单，选择"导入媒体"命令，打开"媒体导入"对话框，在"名称"下拉列表中选择对应的素材文件夹，单击"导入所选项"按钮，将选择的视频片段导入"事件浏览器"窗口，如图 2-22 所示。

步骤03 在"事件浏览器"窗口中选择素材01，将其添加至"磁性时间线"窗口的视频轨道上，如图 2-23 所示。

图 2-22   图 2-23

步骤04 在"事件浏览器"窗口中选择素材02，如图 2-24 所示。

步骤05 在"磁性时间线"窗口的左上方单击"将所选片段追加到主要故事情节或所选故事情节"按钮，以"追加"方式将选择的片段添加至"磁性时间线"窗口中视频片段的末尾，如图 2-25 所示。

图 2-24   图 2-25

▍提示

在执行插入、追加、覆盖操作时，会直接将所选片段以相应的方式添加到主要故事情节中。如果需要将片段添加到次级故事情节中，则需要先对该故事情节进行选择。

2.6　覆盖片段　唯美古风梅花

使用"覆盖"方式添加片段，可以从播放指示器位置开始，向后覆盖视频轨道中原有的片段。下面介绍如何运用"覆盖"方式添加片段。

步骤 01　用鼠标右键在"事件资源库"窗口的空白处单击，在弹出的快捷菜单中选择"新建事件"命令，打开"新建事件"对话框，设置"事件名称"为"2.6 唯美古风梅花"，单击"好"按钮，新建一个事件。

步骤 02　用鼠标右键在"事件浏览器"窗口的空白处单击，打开快捷菜单，选择"导入媒体"命令，打开"媒体导入"对话框，在"名称"下拉列表中选择对应的素材文件夹，单击"导入所选项"按钮，将选择的视频片段导入"事件浏览器"窗口，如图 2-26 所示。

步骤 03　在"事件浏览器"窗口中选择素材 01，将其添加至"磁性时间线"窗口的视频轨道上，如图 2-27 所示。

图 2-26

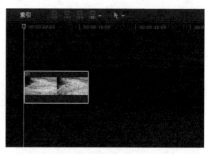
图 2-27

步骤 04　将播放指示器移至 00:00:03:14 位置，在"事件浏览器"窗口中选择素材 02，然后在"磁性时间线"窗口的左上方单击"用所选片段覆盖主要故事情节或所选故事情节"按钮 ■，如图 2-28 所示。

步骤 05　以"覆盖"方式将选择的片段添加至"磁性时间线"窗口中播放指示器所在的位置，如图 2-29 所示。

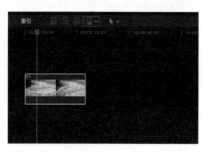
图 2-28

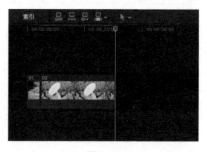
图 2-29

2.7 试演功能 复古胶片日记

利用"试演"功能可以在"磁性时间线"窗口中视频轨道上的同一个位置放置多个片段，之后用户可根据具体的要求随时调用片段，避免反复地修改。下面讲解如何在Final Cut Pro中选择多个视频片段，并将其创建为试演片段。

步骤01 用鼠标右键在"事件资源库"窗口的空白处单击，在弹出的快捷菜单中选择"新建事件"命令，打开"新建事件"对话框，设置"事件名称"为"2.7 复古胶片日记"，单击"好"按钮，新建一个事件。

步骤02 用鼠标右键在"事件浏览器"窗口的空白处单击，打开快捷菜单，选择"导入媒体"命令，打开"媒体导入"对话框，在"名称"下拉列表中选择对应的素材文件夹，单击"导入所选项"按钮，将选择的视频片段导入"事件浏览器"窗口，如图2-30所示。

步骤03 在"事件浏览器"窗口中选择所有的视频片段，然后执行"片段"|"试演"|"创建"命令，如图2-31所示。

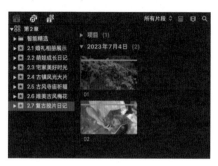

图 2-30

图 2-31

步骤04 "事件浏览器"窗口中显示创建的试演片段，如图2-32所示。

步骤05 选择试演片段，将其添加至"磁性时间线"窗口中的视频轨道上，如图2-33所示。

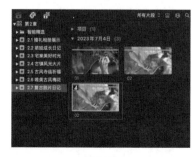

图 2-32

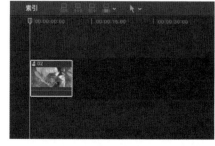

图 2-33

步骤 06 用鼠标右键单击视频轨道上的试演片段,打开快捷菜单,选择"试演"|"预览"命令,如图 2-34 所示。

步骤 07 打开"正在试演02"对话框,预览试演片段的效果,如图 2-35 所示。

图 2-34

图 2-35

提示

在预览试演片段的效果时,按←或→方向键可以在片段之间快速切换,同时"磁性时间线"窗口中的片段也会相应地切换。

2.8 复合片段 花店促销活动

复合片段类似于"嵌套"片段,就是将一个区域中的音频片段、视频片段、复合片段组合成一个新的片段。新的片段只有一层,在创建的复合片段内可以继续修改片段内容。对复合片段进行拆分,可以将其恢复到原始状态。下面将讲解具体操作。

步骤 01 用鼠标右键在"事件资源库"窗口的空白处单击,在弹出的快捷菜单中选择"新建事件"命令,打开"新建事件"对话框,设置"事件名称"为"2.8 花店促销活动",单击"好"按钮,新建一个事件。

步骤 02 用鼠标右键在"事件浏览器"窗口的空白处单击,打开快捷菜单,选择"导入媒体"命令,打开"媒体导入"对话框,在"名称"下拉列表中选择对应的素材文件夹,单击"导入所选项"按钮,即可将选择的所有视频片段添加至"事件浏览器"窗口,如图 2-36 所示。

图 2-36

步骤 03 在"事件浏览器"窗口中框选所有视频片段后单击鼠标右键,打开快捷菜单,选择"新建复合片段"命令,如图 2-37 所示。

图 2-37

步骤 04 打开"新建复合片段"对话框，在"复合片段名称"文本框中输入"复合片段"，单击"好"按钮，如图 2-38 所示，新建一个复合片段。

图 2-38

步骤 05 新建的复合片段的左上角会显示 标记，如图 2-39 所示。

图 2-39

步骤 06 选择新建的复合片段，将其添加至"磁性时间线"窗口的视频轨道上，如图 2-40 所示。

步骤 07 将鼠标指针移至复合片段的左侧，当鼠标指针呈双向箭头形状时，按住鼠标左键并向右拖曳，即可调整复合片段的长度，如图 2-41 所示。

图 2-40

图 2-41

步骤 08 将鼠标指针移至复合片段的右侧，当鼠标指针呈双向箭头形状时，按住鼠标左键并向左拖曳，调整复合片段的长度，如图 2-42 所示。

步骤 09 选择复合片段，执行"片段"|"将片段项分开"命令，如图 2-43 所示。

图 2-42

图 2-43

步骤 10 此时"磁性时间线"窗口中视频轨道上的复合片段被拆分为未进行整合之前的状态，如图 2-44 所示。

图 2-44

■■■ 提示

虽然"磁性时间线"窗口中的复合片段被拆分，但是该复合片段仍然存在于"事件浏览器"窗口中。

2.9 切割视频 秋日日常碎片

在 Final Cut Pro 中，剪辑工具可以帮助用户对素材进行编辑和修整。下面将以实操的形式，讲解"切割"工具✂和"选择"工具▶在视频剪辑工作中的具体用法。

步骤 01 用鼠标右键在"事件资源库"窗口中的空白处单击，打开快捷菜单，选择"新建事件"命令，打开"新建事件"对话框，设置"事件名称"为"2.9 秋日日常碎片"，其他参数保持默认设置，单击"好"按钮，新建一个事件。

步骤 02 用鼠标右键在"事件浏览器"窗口的空白处单击，打开快捷菜单，选择"导入媒体"命令，打开"媒体导入"对话框，选择对应的素材文件夹，然后单击"导入所选项"按钮，即可导入素材，如图 2-45 所示。

图 2-45

步骤 03 打开"事件资源库"窗口中的项目文件，在"事件浏览器"窗口中选择所有媒体素材，将其添加至"磁性时间线"窗口的视频轨道上，如图 2-46 所示。

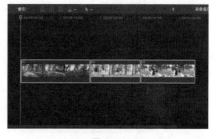

图 2-46

步骤 04 在"磁性时间线"窗口的工具栏中，单击"选择"工具 右侧的下拉按钮，在下拉列表中选择"切割"工具 ，如图 2-47 所示。

步骤 05 当鼠标指针呈现"切割"工具 状态时，将其移至 00:00:03:00 处，单击即可切割视频片段，如图 2-48 所示。

图 2-47　　　　　　　　　　　　图 2-48

步骤 06 参照步骤 05 的操作方法，使用"切割"工具 在视频的 00:00:34:01、00:00:54:11 处进行切割，如图 2-49 所示。

步骤 07 在"磁性时间线"窗口的工具栏中，单击"切割"工具 右侧的下拉按钮，在下拉列表中选择"选择"工具 ，如图 2-50 所示。

图 2-49　　　　　　　　　　　　图 2-50

步骤 08 在"磁性时间线"窗口中选中素材 01 分割出来的后半段视频，如图 2-51 所示，按 Delete 键删除。

步骤 09 参照步骤 08 的操作方法将余下素材分割出来的后半段视频删除，如图 2-52 所示。

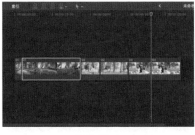

图 2-51　　　　　　　　　　　　图 2-52

2.10　三点编辑　唯美落日晚霞

　　三点编辑可以在"事件浏览器"窗口和"磁性时间线"窗口中使用开始点和结束点指定片段的时长以及其在轨道中的位置。下面将介绍三点编辑的具体操作方法。

　　步骤 01　执行"文件"|"新建"|"事件"命令，打开"新建事件"对话框，设置"事件名称"为"2.10 唯美落日晚霞"，单击"好"按钮，新建一个事件。

　　步骤 02　用鼠标右键在"事件浏览器"窗口的空白处单击，打开快捷菜单，选择"导入媒体"命令，打开"媒体导入"对话框，在"名称"下拉列表中选择对应的素材文件夹，然后单击"导入所选项"按钮，即可将选择的视频素材导入"事件浏览器"窗口中，如图 2-53 所示。

　　步骤 03　在"事件浏览器"窗口中浏览素材01，按I键和O键分别为其设置好入点和出点，如图 2-54 所示。

图 2-53　　　　　　　　　　　　图 2-54

　　步骤 04　将该片段添加至"磁性时间线"窗口的视频轨道上，并将播放指示器拖曳至素材01的末端（即主要故事情节中所选择的入点位置），如图 2-55 所示。

　　步骤 05　在"事件浏览器"窗口中浏览素材02，按I键和O键分别为其设置好入点和出点，按Q键将该片段连接到轨道中的主要故事情节上。此时Final Cut Pro自动将"事件浏览器"窗口中所选片段的入点与播放指示器对齐，连接片段的长度与在"事件浏览器"窗口中所设置的入点和出点之间的长度相同，如图 2-56 所示。

图 2-55　　　　　　　　　　　　图 2-56

步骤 06 在"磁性时间线"窗口中将播放指示器移至主要故事情节中所选片段的出点位置，如图 2-57 所示。

步骤 07 在"事件浏览器"窗口中浏览素材 03，按 I 键和 O 键分别为其设置好入点和出点，按快捷键 Shift+Q 将该片段连接到"磁性时间线"窗口中的主要故事情节上。此时 Final Cut Pro 自动将"事件浏览器"窗口中片段的出点与播放指示器对齐，连接片段的长度与在"事件浏览器"窗口中所设置的入点和出点之间的长度相同，如图 2-58 所示。

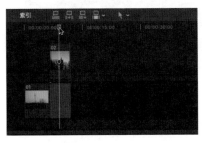

图 2-57   图 2-58

■ 提示

如果要进行三点编辑，那么只需确定两对入点和出点之中的 3 个点，Final Cut Pro 会自动根据一个片段所持续的时间推算出另外一个片段所持续的时间，从而得出第四个点的位置。编辑结果取决于在"事件浏览器"窗口和"磁性时间线"窗口中设定的 3 个点：两个开始点和一个结束点，或者一个开始点和两个结束点。在 Final Cut Pro 中执行三点编辑有以下几种情况：一是已确定"事件浏览器"窗口中所选片段的入点、出点和"磁性时间线"窗口中所选片段的入点；二是已确定"事件浏览器"窗口中所选片段的入点、出点和"磁性时间线"窗口中所选片段的出点；三是已确定"磁性时间线"窗口中所选片段的入点、出点和"事件浏览器"窗口中所选片段的入点；四是已确定"磁性时间线"窗口中所选片段的入点、出点和"事件浏览器"窗口中所选片段的出点。

2.11 抽帧画面 唯美浪漫婚礼

抽帧就是将片段中的个别帧抽取出来，然后组成新的片段。快速抽帧的方法与制作静帧图像的方法类似，用户在"事件浏览器"窗口中的视频片段上选择需要制作成静帧图像的画面，然后执行"编辑"|"连接静帧"命令，即可完成抽帧操作。下面将介绍具体的操作方法。

步骤 01 执行"文件"|"新建"|"事件"命令，打开"新建事件"对话框，设置"事件名称"为"2.11 唯美浪漫婚礼"，单击"好"按钮，新建一个事件。

步骤 02 用鼠标右键在"事件浏览器"窗口的空白处单击，打开快捷菜单，选择"导入媒体"命令，打开"媒体导入"对话框，在"名称"下拉列表中选择对应文件夹下的视频素材，然后单击"导入所选项"按钮，将选择的视频素材导入"事件浏览器"窗口中，如图 2-59 所示。

步骤 03 在"事件浏览器"窗口中选择新添加的视频片段，将其添加至"磁性时间线"窗口的视频轨道上，如图 2-60 所示。

图 2-59

图 2-60

步骤 04 将播放指示器移至 00:00:06:03 的位置，选择"磁性时间线"窗口上的视频片段，按快捷键 Option+F，即可制作指定位置的静帧图像，如图 2-61 所示。

步骤 05 选择"磁性时间线"窗口中的静帧图像，执行"修改"|"更改时间长度"命令，如图 2-62 所示。

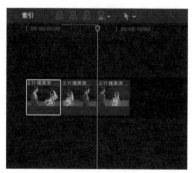

图 2-61

图 2-62

步骤 06 在"检视器"窗口中的时间码处修改时间长度为 00:00:00:10，如图 2-63 所示。

步骤 07 按回车键，即可完成静帧图像时间长度的修改，如图 2-64 所示。

图 2-63

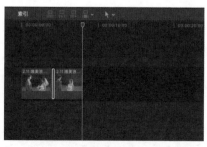

图 2-64

2.12 变速镜头 听见秋的声音

在 Final Cut Pro 中，通过"重新定时"功能可以依次设置视频的变速效果。下面介绍变速镜头的制作方法。

步骤 01 执行"文件"|"新建"|"事件"命令，打开"新建事件"对话框，设置"事件名称"为"2.12 听见秋的声音"，单击"好"按钮，新建一个事件。

步骤 02 用鼠标右键在"事件浏览器"窗口的空白处单击，打开快捷菜单，选择"导入媒体"命令，打开"媒体导入"对话框，在"名称"下拉列表中选择对应文件夹下的视频素材，然后单击"导入所选项"按钮，将选择的视频素材导入"事件浏览器"窗口中，如图 2-65 所示。

步骤 03 在"事件浏览器"窗口中选择视频素材，将其添加至"磁性时间线"窗口的视频轨道上，如图 2-66 所示。

 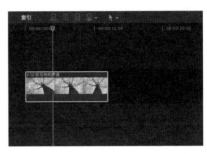

图 2-65　　　　　　　　　　　　　图 2-66

步骤 04 将播放指示器移至 00:00:02:00 位置，执行"修改"|"重新定时"|"切割速度"命令，如图 2-67 所示。

步骤 05 将视频片段切割为两部分。在左侧的视频片段上单击"常速（100%）"右侧的下拉按钮，在下拉列表中选择"慢速"|"50%"选项，如图 2-68 所示，即可将片段调整为慢速播放。

 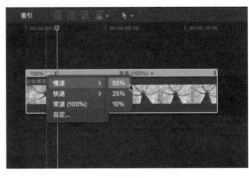

图 2-67　　　　　　　　　　　　　图 2-68

步骤 06 在右侧的视频片段上单击"常速（100%）"右侧的下拉按钮，在下拉列表中选择"快速"|"2x"选项，如图2-69所示。

步骤 07 将片段调整为快速播放，"磁性时间线"窗口中的效果如图2-70所示。

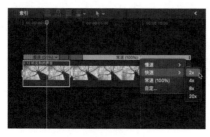
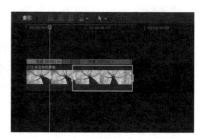

图 2-69　　　　　　　　　　　　　　　图 2-70

2.13　次级故事情节　户外生日派对

使用"创建故事情节"命令可以制作出次级故事情节，将"磁性时间线"窗口中的所有视频片段连接在一起，使其成为一个整体。下面介绍制作常见次级故事情节的具体方法。

步骤 01 用鼠标右键在"事件资源库"窗口的空白处单击，在弹出的快捷菜单中选择"新建事件"命令，打开"新建事件"对话框，设置"事件名称"为"2.13 户外生日派对"，单击"好"按钮，新建一个事件。

步骤 02 用鼠标右键在"事件浏览器"窗口的空白处单击，打开快捷菜单，选择"导入媒体"命令，打开"媒体导入"对话框，在"名称"下拉列表中选择对应文件夹下的视频素材，单击"导入所选项"按钮，将选择的视频片段导入"事件浏览器"窗口。

图 2-71

步骤 03 在"事件浏览器"窗口中浏览素材01，按I键和O键分别为该片段设置好入点和出点，如图2-71所示。

步骤 04 单击"将所选片段连接到主要故事情节"按钮，将片段添加至"磁性时间线"窗口的对应轨道上，如图2-72所示。

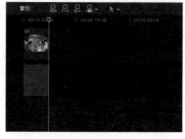

图 2-72

步骤 05 参照步骤03和步骤04的操作方法为素材03设置好入点和出点，并将其添加至"磁性时间线"窗口的对应轨道上。

步骤 06 选中新添加的两个视频片段，然后单击鼠标右键，打开快捷菜单，选择"创建故事情节"命令，如图2-73所示。

步骤 07 为选择的视频片段创建次级故事情节，如图2-74所示，创建好的次级故事情节将显示灰色的矩形框。

图 2-73

图 2-74

步骤 08 在"事件浏览器"窗口中为素材02设置好入点和出点，将其拖曳至次级故事情节的中间，此时鼠标指针右下角有一个带"+"的绿色圆形标记，如图2-75所示。

步骤 09 释放鼠标左键，即可在已有的次级故事情节中间添加一个视频片段，如图2-76所示。

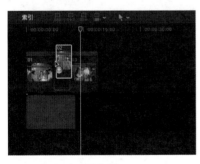

图 2-75

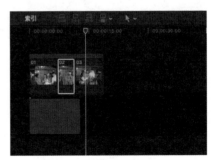

图 2-76

■ 提示

故事情节是与主要故事情节（轨道中片段的主序列）相连的片段序列。故事情节结合了连接片段的便利性与主要故事情节的精确编辑功能。通过"创建故事情节"命令，可以将连接片段整理成一个次级故事情节，统一地连接到主要故事情节中的片段上。在创建故事情节后，所选的连接片段被放置到同一个矩形框内，合并为一个次级故事情节。最左边只有一条连接线与主要故事情节相连。次级故事情节也是连接片段，移动与之相连的主要故事情节时，它也会同时移动。

2.14 提取覆盖 户外旅行大片

通过"提取"与"覆盖"功能，可以对故事情节进行提取与覆盖操作。下面介绍提取与覆盖故事情节的操作方法。

步骤 01 用鼠标右键在"事件资源库"窗口的空白处单击，在弹出的快捷菜单中选择"新建事件"命令，打开"新建事件"对话框，设置"事件名称"为"2.14 户外旅行大片"，单击"好"按钮，新建一个事件。

步骤 02 用鼠标右键在"事件浏览器"窗口的空白处单击，打开快捷菜单，选择"导入媒体"命令，打开"媒体导入"对话框，在"名称"下拉列表中选择对应文件夹下的视频素材，单击"导入所选项"按钮，将选择的视频片段导入"事件浏览器"窗口，如图2-77所示。

步骤 03 在"事件浏览器"窗口中选择视频片段，将其添加至"磁性时间线"窗口的视频轨道上，然后在视频片段上单击鼠标右键，打开快捷菜单，选择"从故事情节中提取"命令，如图2-78所示。

图 2-77

图 2-78

步骤 04 所选片段会被移动到原故事情节的上方并与原故事情节相连，而原故事情节中仍保留所选片段的位置，如图2-79所示。

步骤 05 在"磁性时间线"窗口中选择视频片段并用鼠标右键单击，打开快捷菜单，选择"覆盖至主要故事情节"命令，如图2-80所示。

图 2-79

图 2-80

步骤 06 次级故事情节会向下移动，将主要故事情节中相应位置的片段覆盖，如图 2-81 所示。

图 2-81

2.15 多机位剪辑 元宵手工汤圆

我们在拍摄教学、访谈或谈话类视频时，会在同一个场景中架设多台摄像机。这些摄像机会从不同的角度和景别来拍摄相同的场景。在剪辑时，需要切换机位，并在切换的过程中对齐音频和画面。如果每次切换都要进行如此复杂的工作，会浪费大量的时间和精力，此时就需要在 Final Cut Pro 中模拟一个导播台功能，对机位进行实时调度与切换。下面将讲解多机位剪辑的具体操作。

步骤 01 执行"文件"|"新建"|"事件"命令，打开"新建事件"对话框，设置"事件名称"为"2.15 元宵手工汤圆"，单击"好"按钮，新建一个事件。

步骤 02 用鼠标右键在"事件浏览器"窗口的空白处单击，打开快捷菜单，选择"导入媒体"命令，打开"媒体导入"对话框，在"名称"下拉列表中选择对应文件夹下的视频素材，然后单击"导入所选项"按钮，将选择的视频素材导入"事件浏览器"窗口中，如图 2-82 所示。

步骤 03 在"事件浏览器"窗口中用鼠标右键单击新添加的片段，在弹出的快捷菜单中选择"新建多机位片段"命令，如图 2-83 所示。

图 2-82

图 2-83

步骤 04 打开"多机位片段"对话框，设置"多机位片段名称"为"多机位片段"，单击"好"按钮，如图 2-84 所示。

步骤 05 新建一个多机位片段，它会在"事件浏览器"窗口中显示，如图 2-85 所示。

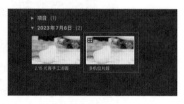

图 2-84   图 2-85

步骤 06 将视频素材添加至"磁性时间线"窗口的视频轨道上，双击展开多机位片段，然后选择视频片段，单击其上方的下拉按钮，在下拉列表中选择"添加角度"选项，如图 2-86 所示，添加一个角度。

步骤 07 单击"未命名"右侧的下拉按钮，在下拉列表中选择"同步到监视角度"选项，如图 2-87 所示。

图 2-86   图 2-87

步骤 08 同步多机位片段的角度，单击"完成"按钮，如图 2-88 所示，得到最终效果。

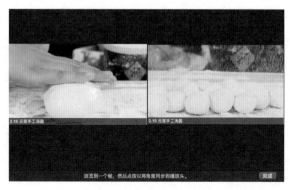

图 2-88

第 3 章

添加音频: 享受
声音的动感魅力

　　视频中的声音与画面同样重要, 将视频画面与音频效果完美地结合起来, 能增强视频的质感与真实感, 从而将观众更好地带入故事情节中, 使他们产生身临其境的感受并得到良好的视听体验。在编辑音频素材时, 要控制好音量的电平、声相和通道, 合理使用音频效果, 才能处理好音频素材, 使音频效果更具质感。本章将详细讲解在视频剪辑中应用音频的具体方法。

3.1　音频剪辑　林间清脆鸟鸣

音频片段与视频片段一样，都可以通过剪辑变得更加符合用户所需。下面将介绍对音频素材进行剪辑的具体操作方法。

步骤 01　新建一个名称为"第3章"的资源库，然后在"事件资源库"窗口中新建一个"事件名称"为"3.1 林间清脆鸟鸣"的事件。

步骤 02　用鼠标右键在"事件浏览器"窗口的空白处单击，打开快捷菜单，选择"导入媒体"命令，打开"媒体导入"对话框，在对应的文件夹下选择视频文件和音频文件，单击"导入所选项"按钮，导入所选的视频和音频素材，如图 3-1 所示。

步骤 03　打开已有的项目文件，选择"事件浏览器"窗口中的视频和音频素材，将其依次添加至"磁性时间线"窗口的主要故事情节上，如图 3-2 所示。

图 3-1　　　　　　　　　　　　　　　　图 3-2

步骤 04　选择音频片段，将鼠标指针移至音频片段的末尾，当鼠标指针变为 ↔ 形状时，按住鼠标左键并向左拖曳，如图 3-3 所示。

步骤 05　拖曳至与视频片段的末尾相同的位置后，释放鼠标左键，即可剪辑音频素材，如图 3-4 所示。

图 3-3　　　　　　　　　　　　　　　　图 3-4

步骤 06　使用"缩放"工具 🔍 将轨道放大，将鼠标指针悬停在音频片段的左侧滑块上，按住鼠标左键并向右拖曳滑块，制作音频淡入效果，如图 3-5 所示。

步骤 07　将鼠标指针悬停在音频片段的右侧滑块上，按住鼠标左键并向左拖曳滑块，制作音频淡出效果，如图 3-6 所示。

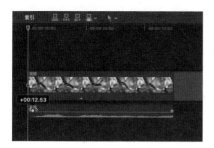
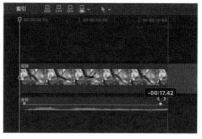

图 3-5   图 3-6

步骤 08 完成音频的剪辑后，在"检视器"窗口中单击"从播放头位置向前播放 - 空格键"按钮 ▶，即可试听音频效果，视频画面效果如图 3-7 所示。

图 3-7

3.2 音频音量 夏日动感冲浪

在视频剪辑工作中，调整音频音量是处理音频素材时的基础操作。在 Final Cut Pro 中，向上或向下拖曳音频片段的音量控制线，可以调整音频整体片段的音量。下面介绍如何调整音频的整体音量。

步骤 01 用鼠标右键在"事件资源库"窗口中的空白处单击，打开快捷菜单，选择"新建事件"命令，打开"新建事件"对话框，设置"事件名称"为"3.2 夏日动感冲浪"，其他参数保持默认设置，单击"好"按钮，新建一个事件。

步骤 02 用鼠标右键在"事件浏览器"窗口的空白处单击，在弹出的快捷菜单中，选择"导入媒体"命令，打开"媒体导入"对话框，在"名称"下拉列表中选择对应文件夹下的视频素材和音频素材，单击"导入所选项"按钮，将选择的媒体素材导入"事件浏览器"窗口，如图 3-8 所示。

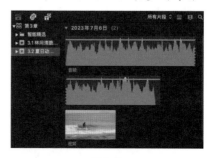

图 3-8

步骤 03 选择视频片段和音频片段，将其依次添加至"磁性时间线"窗口中的轨道上，如图 3-9 所示，并将音频裁剪至和视频相同的长度。

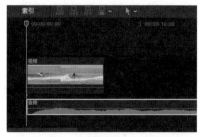

图 3-9

步骤 04 选择音频片段，然后执行"修改"|"更改时间长度"命令，如图 3-10 所示。

步骤 05 在弹出的"时间码"对话框中输入时间长度为 00:00:06:22，完成音频片段时间长度的更改，如图 3-11 所示。

图 3-10　　　　　　　图 3-11

步骤 06 将鼠标指针悬停在音量控制线上，此时鼠标指针会变为上下双向箭头形状，按住鼠标左键并向下拖曳，即可调低音频的整体音量，如图 3-12 所示。

图 3-12

■■■**提示**

在拖曳音量控制线时，最大值为 12dB，意为在原音量的基础上增加 12dB；最小值为负无穷，调至最小值时，音频将被静音。

3.3　区域音量　古风视频配乐

要调整音频片段中某一个区域内的音量，可以通过"范围选择"工具 ▣ 来设定区域范围。下面介绍调整特定区域内音量的具体操作方法。

步骤 01 新建一个"事件名称"为"3.3 古风视频配乐"的事件，用鼠标右键在新添加事件的"事件浏览器"窗口的空白处单击，在弹出的快捷菜单中选择"导入媒体"命令，打开"媒体导入"对话框，在"名称"下拉列表中选择对应文件夹下的视频素材和音频素材，然后单击"导入所选项"按钮，将选择的媒体素材全部导入"事件浏览器"窗口，如图 3-13 所示。

步骤 02 选择视频片段和音频片段，将其依次添加至"磁性时间线"窗口中的轨道上，并将音频片段的时间长度调整至与视频片段的时间长度一致，如图 3-14 所示。

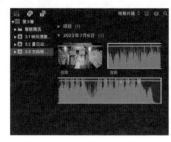
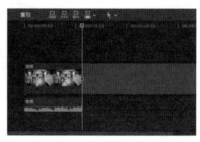

图 3-13   图 3-14

步骤 03 在"磁性时间线"窗口的工具栏中，单击"选择"工具 右侧的下拉按钮，在下拉列表中选择"范围选择"工具 ，如图 3-15 所示。

步骤 04 将鼠标指针移至音频片段上，当鼠标指针呈 形状时，按住鼠标左键并拖曳，框选音频片段上需要调整的部分，如图 3-16 所示。

图 3-15   图 3-16

步骤 05 执行 3 次"修改"|"调整音量"|"调低（-1dB）"命令，如图 3-17所示。

图 3-17

第 3 章 添加音频：享受声音的动感魅力

步骤 06 将所选范围内音频片段的音量调低，如图 3-18 所示。

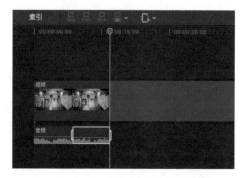

图 3-18

3.4 关键帧调整 城市烟花表演

通过手动创建关键帧的方式，可以对某一区域中的音频音量进行调整。下面介绍利用关键帧调整音量的具体操作方法。

步骤 01 新建一个"事件名称"为"3.4 城市烟花表演"的事件，用鼠标右键在新添加事件的"事件浏览器"窗口的空白处单击，在弹出的快捷菜单中选择"导入媒体"命令，打开"媒体导入"对话框，在"名称"下拉列表中选择对应文件夹下的视频素材和音频素材，然后单击"导入所选项"按钮，将选择的媒体素材导入"事件浏览器"窗口，如图 3-19 所示。

步骤 02 选择视频片段和音频片段，将其依次添加至"磁性时间线"窗口中的轨道上，并将音频片段的时间长度调整至与视频片段的时间长度一致，如图 3-20 所示。

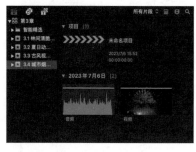

图 3-19

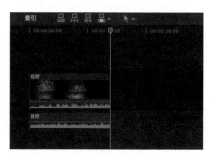

图 3-20

步骤 03 按住 Option 键的同时，将鼠标指针悬停在音量控制线上的相应位置，此时鼠标指针下方将出现一个关键帧标记，如图 3-21 所示。

步骤 04 单击即可在音量控制线上添加一个关键帧。使用同样的方法，在音量控制线上依次添加多个关键帧，如图 3-22 所示。

图 3-21   图 3-22

（步骤05）添加关键帧后，按住鼠标左键上下拖曳关键帧之间的音量控制线，可以调整对应区域内音量的大小，如图3-23所示。

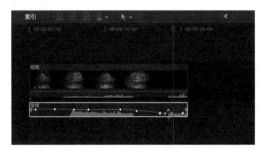

图 3-23

■ **提示**

选择创建的关键帧，按住鼠标左键进行左右拖曳可以调整它的位置；按快捷键Option＋↑可以提高关键帧所在位置的音量；按快捷键Option＋↓可以降低关键帧所在位置的音量。

3.5 渐变效果 炫酷动漫配乐

在音频片段的开始和结束位置添加音频渐变效果，可以让音频连贯播放。下面介绍添加音频渐变效果的具体方法。

（步骤01）新建一个"事件名称"为"3.5炫酷动漫配乐"的事件，用鼠标右键在新添加事件的"事件浏览器"窗口的空白处单击，在弹出的快捷菜单中选择"导入媒体"命令，打开"媒体导入"对话框，在"名称"下拉列表中选择对应文件夹下的视频素材和音频素材，然后单击"导入所选项"按钮，将选择的媒体素材导入"事件浏览器"窗口，如图3-24所示。

（步骤02）选择视频片段和音频片段，将其依次添加至"磁性时间线"窗口中的轨道上，并将音频片段的时间长度调整至与视频片段的时间长度一致，如图3-25所示。

图 3-24   图 3-25

步骤 03 将鼠标指针悬停在音频片段的左侧滑块上，待鼠标指针变为左右双向箭头形状后，按住鼠标左键并向右拖曳滑块，添加音频渐变效果，如图3-26所示。

步骤 04 用鼠标右键单击滑块，打开快捷菜单，选择"–3dB"命令，如图3-27所示。

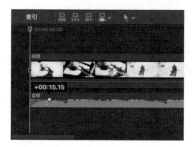

图 3-26

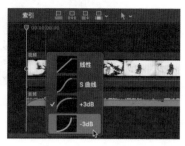

图 3-27

步骤 05 将鼠标指针悬停在音频片段的右侧滑块上，待鼠标指针变为左右双向箭头形状后，按住鼠标左键并向左拖曳滑块，添加音频渐变效果，如图3-28所示。

步骤 06 用鼠标右键单击滑块，打开快捷菜单，选择"S曲线"命令，如图3-29所示。

图 3-28

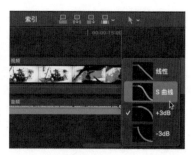

图 3-29

3.6　过渡处理　镜头里的年味

为了使音频具有更好的效果，可以先对音频的音量进行适当调整，然后在两个音频片段之间添加过渡效果。

步骤 01　新建一个"事件名称"为"3.6 镜头里的年味"的事件，用鼠标右键在新添加事件的"事件浏览器"窗口的空白处单击，在弹出的快捷菜单中选择"导入媒体"命令，打开"媒体导入"对话框，在"名称"下拉列表中选择对应文件夹下的视频素材和音频素材，然后单击"导入所选项"按钮，将选择的媒体素材导入"事件浏览器"窗口，如图 3-30 所示。

步骤 02　选择视频片段，将其添加至"磁性时间线"窗口的视频轨道中，将音频素材添加至视频片段的下方，并调整音频素材的时间长度，使其与视频素材的时间长度一致，如图 3-31 所示。

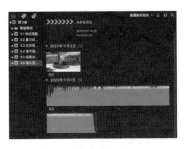
图 3-30

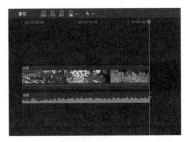
图 3-31

步骤 03　将播放指示器移至 00:00:06:16 的位置，在"磁性时间线"窗口的工具栏中单击"选择"工具的下拉菜单选择"切割"工具，如图 3-32 所示。

步骤 04　在播放指示器所在的位置单击音频素材，即可将音频素材拆分为两个音频片段，如图 3-33 所示。

图 3-32

图 3-33

步骤 05　在"磁性时间线"窗口的工具栏中选择"选择"工具，然后将鼠标指针移至左侧音频片段的音量控制线上，向上拖曳至合适位置，适当调高音频片段的音量，如图 3-34 所示。

步骤06 按住Option键的同时，将鼠标指针悬停在右侧音频片段的音量控制线上，待鼠标指针下方出现一个关键帧标志后，单击添加多个关键帧，将鼠标悬停在第二个和第三个关键帧的中间位置，按住鼠标左键向下拖曳，调整关键帧处的音量，如图3-35所示。

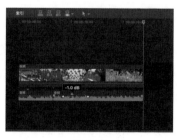

| 图 3-34 | 图 3-35 |

步骤07 将鼠标指针悬停在左侧音频片段的左侧滑块上，鼠标指针变为左右双向箭头形状后，按住鼠标左键并向右拖曳滑块，添加音频渐变效果，如图3-36所示。

步骤08 将鼠标指针悬停在右侧音频片段的右侧滑块上，鼠标指针变为左右双向箭头形状后，按住鼠标左键并向左拖曳滑块，添加音频渐变效果，如图3-37所示。

| 图 3-36 | 图 3-37 |

步骤09 将鼠标指针移至两个音频片段中间并单击，执行"编辑"|"添加交叉叠化"命令，如图3-38所示。

步骤10 在两个音频片段中间添加交叉叠化效果，如图3-39所示。

| 图 3-38 | 图 3-39 |

步骤11 完成音频的过渡处理后，在"检视器"窗口中单击"从播放头位置向前播放-空格键"按钮 ▶ ，试听音频效果，视频画面效果如图3-40所示。

图 3-40

3.7 均衡效果 公路上的车流

为音频添加均衡效果可以更有效地控制声音，提高声音的清晰度和精准度，从而获得更好的音效。下面介绍为音频添加均衡效果的具体方法。

步骤01 新建一个"事件名称"为"3.7 公路上的车流"的事件，用鼠标右键在"事件浏览器"窗口的空白处单击，在弹出的快捷菜单中选择"导入媒体"命令，打开"媒体导入"对话框，选择对应文件夹下的视频素材和音频素材，单击"导入所选项"按钮，将选择的媒体素材添加至"事件浏览器"窗口中，如图3-41所示。

步骤02 选择视频素材和音频素材，将其依次添加至"磁性时间线"窗口的轨道上，如图3-42所示。

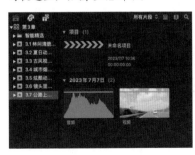

图 3-41

图 3-42

步骤03 在"音频检查器"窗口的"音频增强"选项区中，勾选"均衡"复选框，单击"平缓"右侧的 ▣ 按钮，展开下拉列表，选择"低音增强"选项，如图3-43所示。

步骤04 单击"显示高级均衡器"按钮 ▣ ，打开图形均衡器，选择均衡器中各个频段上的滑块，按住鼠标左键上下拖曳，可以对声音效果进行自定义调整，如图3-44所示。

图 3-43　　　　　　　　　　　　　　　图 3-44

3.8　立体声模式　蜜蜂采蜜音效

声相模式类似于一种能够控制声音信号在音频通道中输出位置的设置。通过声相模式可以快速地改变声音的定位，营造出一种空间感，让画面与声音能够更好地融合在一起。在"音频检查器"窗口中，单击"声相"选项区中"模式"右侧的█按钮，展开下拉列表，该下拉列表中提供了多种预设效果，选择不同选项，可以得到不同的声相模式。下面介绍设置立体声模式的具体方法。

步骤 01　新建一个"事件名称"为"3.8 蜜蜂采蜜音效"的事件，用鼠标右键在"事件浏览器"窗口的空白处单击，在弹出的快捷菜单中选择"导入媒体"命令，打开"媒体导入"对话框，选择对应文件夹下的视频素材和音频素材，单击"导入所选项"按钮，将选择的媒体素材添加至"事件浏览器"窗口中，如图 3-45 所示。

步骤 02　选择视频素材和音频素材，将其依次添加至"磁性时间线"窗口的轨道上，并将音频片段的时间长度调整至与视频片段的时间长度一致，如图 3-46 所示。

58

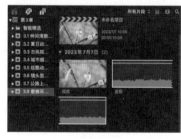
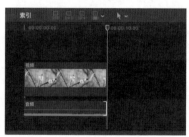

图 3-45　　　　　　　　　　　　　　　图 3-46

步骤 03　选择音频片段，在"音频检查器"窗口的"声相"选项区中，单击"模式"右侧的█按钮，展开下拉列表，选择"立体声左/右"选项，如图 3-47 所示。

步骤 04　将播放指示器移至 00:00:02:00 位置，在"音频检查器"窗口的"声相"选项区中，修改"数量"为 100.0，然后单击"添加关键帧"按钮█，添加一个关键帧，如图 3-48 所示。

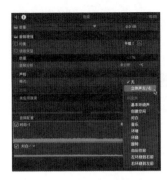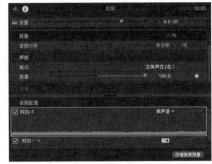

图 3-47	图 3-48

步骤 05 将播放指示器移至00:00:05:19位置，在"音频检查器"窗口的"声相"选项区中，修改"数量"为–100.0，如图 3-49所示，系统将自动在播放指示器所在的位置添加一个关键帧。

步骤 06 将播放指示器移至00:00:10:05位置，在"音频检查器"窗口的"声相"选项区中，修改"数量"为60.0，如图 3-50所示，系统将自动在播放指示器所在的位置添加一个关键帧。

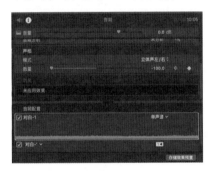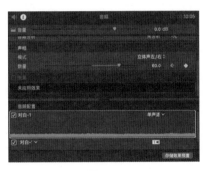

图 3-49	图 3-50

步骤 07 将鼠标指针移至音频片段的音量控制线上，向上拖曳至合适位置，适当调高音频片段的音量，如图 3-51所示。

图 3-51

第 3 章　添加音频：享受声音的动感魅力

步骤08 完成音频片段立体声效果的制作后，在"检视器"窗口中单击"从播放头位置向前播放-空格键"按钮▶，试听立体声音频效果，视频画面效果如图3-52所示。

图 3-52

3.9 环绕声模式 企业宣传片头

在应用了环绕声模式后，音频声相器的音频通道会从原来的两个扩展为6个，分别为：左环绕（Ls）、左（L）、中（C）、右（R）、右环绕（Rs）、低音（LEF）通道。下面介绍设置环绕声模式的具体方法。

步骤01 新建一个"事件名称"为"3.9 企业宣传片头"的事件，用鼠标右键在"事件浏览器"窗口的空白处单击，在弹出的快捷菜单中选择"导入媒体"命令，打开"媒体导入"对话框，选择对应文件夹下的视频素材和音频素材，单击"导入所选项"按钮，将选择的媒体素材添加至"事件浏览器"窗口中，如图3-53所示。

步骤02 选择视频素材和音频素材，将其依次添加至"磁性时间线"窗口的轨道上，并将音频片段的时间长度调整至与视频片段的时间长度一致，如图3-54所示。

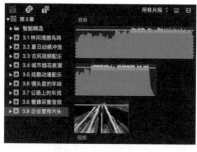

图 3-53

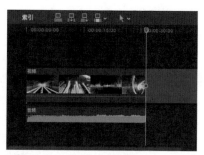

图 3-54

步骤03 选择音频片段，在"音频检查器"窗口的"声相"选项区中，单击"模式"右侧的▼按钮，展开下拉列表，选择"基本环绕声"选项，如图3-55所示。

步骤 04 在"声相"选项区的"环绕声声相器"中，拖曳声相器中心的圆形滑块，调整各个音频通道的声音，如图 3-56 所示，完成环绕声的制作。

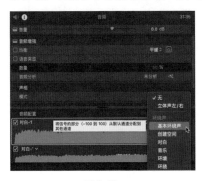 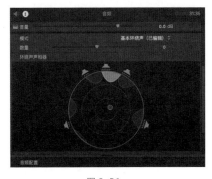

图 3-55   图 3-56

步骤 05 在"检视器"窗口中单击"从播放头位置向前播放-空格键"按钮，试听环绕声音频效果，视频画面效果如图 3-57 所示。

图 3-57

▇ **提示**

当音频片段拥有两个及以上的音频通道时，利用"音频检查器"窗口中的"音频配置"选项区可以对多个通道进行控制，有选择性地进行激活与屏蔽。在"音频检查器"窗口的"音频配置"选项区中，单击"立体声"右侧的下拉按钮，在下拉列表中选择合适的声道，如图 3-58 所示，即可更改音频的声道。如果需要屏蔽音频通道，则可以取消勾选音频通道前的复选框，如图 3-59 所示。

图 3-58   图 3-59

3.10 回声效果 发布会倒计时

在Final Cut Pro中，用户只要将选中的音频效果拖曳至音频片段上，即可制作出相应的效果。下面介绍添加回声效果的方法。

步骤 01 新建一个"事件名称"为"3.10发布会倒计时"的事件，用鼠标右键在"事件浏览器"窗口的空白处单击，在弹出的快捷菜单中选择"导入媒体"命令，打开"媒体导入"对话框，选择对应文件夹下的视频素材和音频素材，单击"导入所选项"按钮，将选择的媒体素材添加至"事件浏览器"窗口中，如图 3-60所示。

步骤 02 选择视频素材和音频素材，将其依次添加至"磁性时间线"窗口的轨道上，并将音频片段的时间长度调整至与视频片段的时间长度一致，如图3-61所示。

图 3-60

图 3-61

步骤 03 在"效果浏览器"窗口的左侧列表框中选择"回声"选项，在右侧列表框中选择"回声延迟"音频效果，如图 3-62所示。

步骤 04 将选择的音频效果添加至音频片段上，然后在"音频检查器"窗口的"回声延迟"选项区中，修改"数量"为15.0，如图 3-63所示，即可完成"回声延迟"音频效果的添加与编辑。

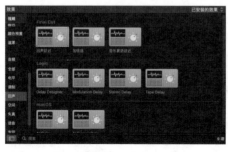

图 3-62

图 3-63

3.11　特效配音　唯美花瓣特效

本节将通过实例来介绍音频片段的添加和优化操作。在项目中添加音频片段后，用户可以为音频片段添加渐变、过渡和滤镜效果来实现音频的优化操作。

步骤 01 新建一个"事件名称"为"3.11唯美花瓣特效"的事件，然后用鼠标右键在新添加事件的"事件浏览器"窗口的空白处单击，在弹出的快捷菜单中选择"导入媒体"命令，打开"媒体导入"对话框，选择对应文件夹下的视频素材和音频素材，单击"导入所选项"按钮，将选择的媒体素材添加至"事件浏览器"窗口中，如图3-64所示。

步骤 02 选择视频素材和音频素材，将其依次添加至"磁性时间线"窗口的轨道上，将音频片段的时间长度调整至与视频片段的时间长度一致，如图3-65所示。

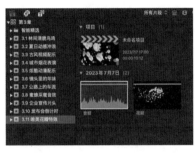
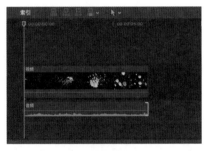

图 3-64　　　　　　　　　　　　　图 3-65

步骤 03 按住Option键的同时，将鼠标指针悬停在音频片段的音量控制线上，待鼠标指针下方出现一个带有"+"符号的菱形标志，单击添加多个关键帧，如图3-66所示。

步骤 04 将鼠标指针悬停在关键帧之间的音量控制线上，按住鼠标左键进行拖曳，调整关键帧之间的音量，如图3-67所示。

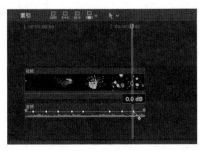

图 3-66　　　　　　　　　　　　　图 3-67

步骤 05 将鼠标指针悬停在音频片段的左侧滑块上，待鼠标指针变为左右双向箭头形状后，按住鼠标左键并向右拖曳滑块，添加音频渐变效果，如图3-68所示。

步骤 06 将鼠标指针悬停在音频片段的右侧滑块上，待鼠标指针变为左右双向箭头形状后，按住鼠标左键并向左拖曳滑块，添加音频渐变效果，如图3-69所示。

图 3-68　　　　　　　　　　　　图 3-69

步骤 07 选择音频片段，在"音频检查器"窗口的"声相"选项区中，单击"模式"右侧的▓按钮，展开下拉列表，选择"立体声左/右"选项，如图3-70所示。

步骤 08 将播放指示器移至00:00:00:13位置，在"音频检查器"窗口的"声相"选项区中，修改"数量"为100.0，然后单击"添加关键帧"按钮◈，添加一个关键帧，如图3-71所示。

图 3-70

步骤 09 将播放指示器移至00:00:01:23位置，在"音频检查器"窗口的"声相"选项区中，修改"数量"为-100.0，系统将自动在播放指示器所在的位置添加一个关键帧，如图3-72所示。

图 3-72

64

步骤 10 将播放指示器移至 00:00:04:22位置，在"音频检查器"窗口的"声相"选项区中，修改"数量"为60.0，如图3-73所示，系统将自动在播放指示器所在的位置添加一个关键帧。

图 3-73

步骤 11 在"效果浏览器"窗口的左侧列表框中选择"空间"选项，在右侧列表框中选择"中等房间"音频效果，如图3-74所示。

步骤 12 按住鼠标左键，将选择的音频效果拖曳至音频片段上，如图 3-75所示。

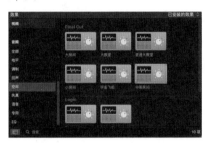

图 3-74

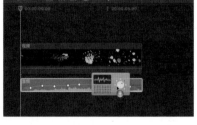

图 3-75

步骤 13 参照步骤11和步骤12的操作方法，为音频片段添加"EQ"列表框中的"低音增强器"效果，如图3-76所示。

步骤 14 在"音频检查器"窗口的"低音增强器"选项区中，修改"数量"为60.0，如图3-77所示。

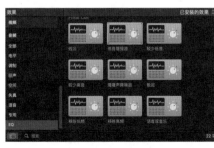

图 3-76

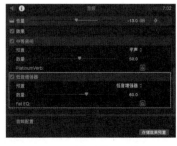

图 3-77

第 4 章

添加字幕：让视频
锦上添花

在创作视频的过程中，通过文字可以向观众传达视频所要表述的信息。例如，在视频的开头介绍视频中发生的事件及背景信息等内容；在播放过程中显示场景名称等详细信息；在视频结束时，显示参与视频创作的人员信息等。本章将详细介绍视频剪辑中有关字幕应用的相关知识。

4.1 基本字幕 樱花茶园美景

使用"连接字幕"子菜单中的"基本字幕"命令为视频添加文字是基础且常用的方式。下面将介绍为视频添加基本字幕的具体操作方法。

步骤 01 新建一个名称为"第4章"的资源库。然后在"事件资源库"窗口中新建一个"事件名称"为"4.1 樱花茶园美景"的事件。

步骤 02 用鼠标右键在"事件浏览器"窗口的空白处单击,在弹出的快捷菜单中选择"导入媒体"命令,打开"媒体导入"对话框,在"名称"下拉列表中选择对应文件夹下的视频素材,然后单击"导入所选项"按钮,将视频素材导入"事件浏览器"窗口,如图 4-1 所示。

步骤 03 选择视频片段,将其添加至"磁性时间线"窗口的视频轨道上,如图 4-2 所示。

图 4-1

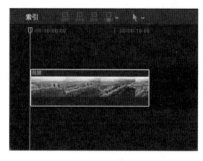

图 4-2

步骤 04 执行"编辑"|"连接字幕"|"基本字幕"命令,如图 4-3 所示。

步骤 05 在视频片段的上方新建一个字幕片段,将新添加的字幕片段的时间长度调整至与视频片段的时间长度一致,如图 4-4 所示。

图 4-3

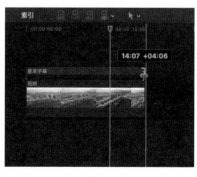

图 4-4

步骤 06 选择字幕片段,然后在"检视器"窗口中双击标题文本,在文本呈被选中状态时将"标题"二字删除,输入新的文本"樱花茶园",如图 4-5所示。

步骤 07 在"检视器"窗口中选择文本，按住鼠标左键进行拖曳，将标题文本移动到检视器的右上角，如图 4-6 所示。

图 4-5

图 4-6

步骤 08 上述操作完成后，再为视频添加一首合适的音乐。在"检视器"窗口中可查看最终的字幕效果，如图 4-7 所示。

图 4-7

■ 提示

选择字幕片段后，用户可以在"检视器"窗口中输入新的文本内容，也可以在"文本检查器"窗口的"文本"选项区中输入新的文本内容。

4.2　基本下三分之一　时尚潮流穿搭

添加"基本下三分之一"字幕的方法与添加"基本字幕"的方法相同，但添加的"基本下三分之一"字幕无须移动，它会直接显示在"检视器"窗口的左下角。

步骤 01 新建一个"事件名称"为"4.2 时尚潮流穿搭"的事件，用鼠标右键在"事件浏览器"窗口的空白处单击，在弹出的快捷菜单中选择"导入媒体"命令，打开"媒体导入"对话框，在"名称"下拉列表中选择对应文件夹下的视频素材，然后单击"导入所选项"按钮，将选择的视频素材导入"事件浏览器"窗口，如图 4-8 所示。

步骤 02 选择已添加的视频片段，将其添加至"磁性时间线"窗口的视频轨道上，如图 4-9 所示。

图 4-8　　　　　　　　　　　　图 4-9

步骤 03　执行"编辑"|"连接字幕"|"基本下三分之一"命令，如图 4-10所示。

步骤 04　在视频片段的上方新建一个字幕片段，将新添加的字幕片段的时间长度调整至与视频片段的时间长度一致，如图 4-11 所示。

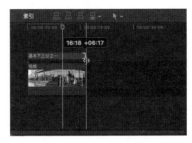

图 4-10　　　　　　　　　　　　图 4-11

步骤 05　执行操作后，即可在视频画面左下角添加一个"名称描述"字幕，如图 4-12 所示。

步骤 06　选择字幕片段，然后在"检视器"窗口中双击名称文本，在文本呈被选中状态时将"名称"二字删除，输入新的文本"秋季新款"，如图 4-13所示。

步骤 07　参照步骤 06 的操作方法将"描述"二字修改为"休闲百搭中长款外套"。

图 4-12　　　　　　　　　　　　图 4-13

步骤 08 上述操作完成后，再为视频添加一首合适的音乐。在"检视器"窗口中可查看最终的字幕效果，如图 4-14 所示。

图 4-14

4.3 开场字幕 春日游玩随记

了解字幕的添加与编辑方法后，可以很方便地为视频添加开场字幕、描述字幕等。下面介绍添加开场字幕的具体方法。

步骤 01 新建一个"事件名称"为"4.3 春日游玩随记"的事件，用鼠标右键在"事件浏览器"窗口的空白处单击，在弹出的快捷菜单中，选择"导入媒体"命令，打开"媒体导入"对话框，在"名称"下拉列表中选择对应文件夹下的视频素材，然后单击"导入所选项"按钮，将视频素材导入"事件浏览器"窗口，如图 4-15 所示。

步骤 02 选择视频片段，将其添加至"磁性时间线"窗口的视频轨道上，如图 4-16 所示。

图 4-15

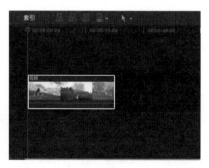

图 4-16

步骤 03 执行"编辑"|"连接字幕"|"基本字幕"命令，如图 4-17 所示。

步骤 04 在视频片段的上方新建一个字幕片段，将播放指示器移至 00:00:03:02 处，调整字幕片段的时间长度，使其末端和播放指示器对齐，如图 4-18 所示。

图 4-17 图 4-18

步骤 05 选择字幕片段，然后在"检视器"窗口中选择标题文本，按住鼠标左键进行拖曳，将标题文本移动到合适的位置，如图 4-19 所示。

步骤 06 在"文本检查器"窗口的"文本"选项区中，输入新的文本"春日游玩随记"，如图 4-20 所示。

图 4-19 图 4-20

步骤 07 在"基本"选项区中，展开"字体"下拉列表，选择"圆体-简"字体，设置"大小"为 129.0，设置"字距"为 51.93%，如图 4-21 所示。

步骤 08 勾选"外框"复选框，然后单击"显示"文本，如图 4-22 所示，展开该选项区。

图 4-21 图 4-22

步骤09 单击色块，如图 4-23 所示。打开"颜色"面板，在该面板中选择粉色，如图 4-24 所示。

图 4-23　　　　　　　　　　　图 4-24

步骤10 在"外框"选项区中，设置"模糊"为 10，设置"宽度"为 2.0，如图 4-25 所示。

步骤11 参照步骤 08 至步骤 10 的操作方法，展开"光晕"选项区，设置"颜色"为粉色，"模糊"为 6.2，如图 4-26 所示。

图 4-25　　　　　　　　　　　图 4-26

步骤12 上述操作完成后，再为视频添加一首合适的音乐。在"检视器"窗口中可查看最终的字幕效果，如图 4-27 所示。

图 4-27

4.4 特效字幕 环保公益视频

在为视频片段添加特效字幕时，可以在"字幕和发生器"窗口的"字幕"列表框中选择预设字幕进行添加，从而快速完成特效字幕的制作。下面介绍为视频添加特效字幕的具体方法。

步骤 01 新建一个"事件名称"为"4.4 环保公益视频"的事件，用鼠标右键在新添加事件的"事件浏览器"窗口的空白处单击，在弹出的快捷菜单中选择"导入媒体"命令，打开"媒体导入"对话框，在"名称"下拉列表中选择对应文件夹下的视频素材，然后单击"导入所选项"按钮，将选择的视频素材导入"事件浏览器"窗口，如图 4-28 所示。

步骤 02 选择已添加的视频片段，将其添加至"磁性时间线"窗口的视频轨道上，如图 4-29 所示。

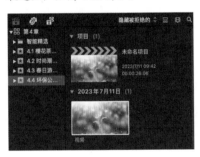

图 4-28

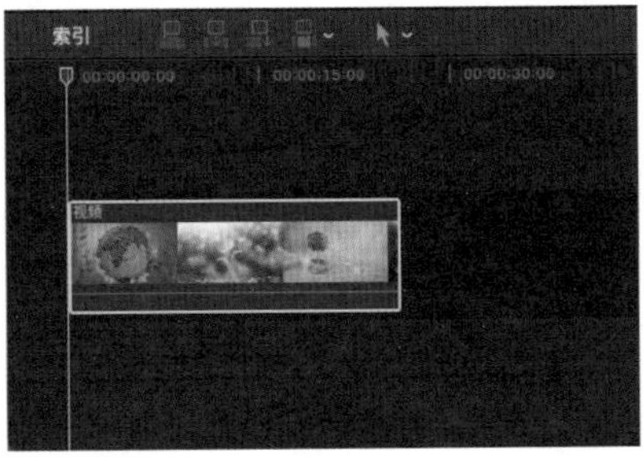

图 4-29

步骤 03 在"事件资源库"窗口中，单击"显示或隐藏'字幕和发生器'边栏"按钮，打开"字幕和发生器"窗口，在左侧列表框中选择"字幕"选项，然后在右侧的列表框中搜索并选择"光晕"特效字幕，如图 4-30 所示。

步骤 04 将选择的特效字幕添加至"磁性时间线"窗口的视频轨道中，将播放指示器移至 00:00:04:00 处，调整字幕片段的时间长度，使其末端和播放指示器对齐，如图 4-31 所示。

图 4-30

图 4-31

步骤05 选择特效字幕片段，在"字幕检查器"窗口的"文本"选项区中输入文本"环保公益视频"。

步骤06 在"基本"选项区中，设置文本的"Font"（字体）为"报隶-简"，设置"Size"（大小）为138.0，设置"字距"为17.69%，如图4-32所示。

图4-32

步骤07 上述操作完成后，再为视频添加一首合适的音乐。在"检视器"窗口中可查看最终的字幕效果，如图4-33所示。

图4-33

4.5 复制字幕 水果店铺广告

在添加字幕后，如果需要为字幕设置统一的字体格式，可以先通过"拷贝"和"粘贴"功能对字幕进行复制和粘贴操作，然后再对复制得到的字幕中的文本内容进行修改。下面介绍复制字幕的具体操作方法。

步骤01 新建一个"事件名称"为"4.5 水果店铺广告"的事件，用鼠标右键在新添加事件的"事件浏览器"窗口的空白处单击，在弹出的快捷菜单中选择"导入媒体"命令，打开"媒体导入"对话框，在"名称"下拉列表中选择对应文件夹下的视频素材，然后单击"导入所选项"按钮，将选择的视频素材导入"事件浏览器"窗口，如图4-34所示。

图4-34

步骤 02 选择视频片段，将其添加至"磁性时间线"窗口的视频轨道上，如图 4-35 所示。

图 4-35

步骤 03 执行"编辑"|"连接字幕"|"基本字幕"命令，在视频片段的上方新建一个字幕片段，并将新添加的字幕片段的时间长度调整至与视频中蓝莓场景的时间长度一致，如图 4-36 所示。

步骤 04 选择基本字幕片段，在"字幕检查器"窗口中的"文本"选项区中输入文本"蓝莓"，然后在"基本"选项区中，设置"字体"为"报隶-简"，"大小"为 128.0，"字距"为 20.54%，如图 4-37 所示。

图 4-36   图 4-37

步骤 05 勾选"表面"复选框，单击"表面"复选框右侧的"显示"按钮，展开该选项区，设置"颜色"为蓝色，如图 4-38 所示。

步骤 06 上述操作完成后，即可完成字幕的添加与编辑。在"检视器"窗口中将字幕移至合适的位置，效果如图 4-39 所示。

图 4-38   图 4-39

步骤 07 选择基本字幕片段，执行"编辑"|"拷贝"命令，如图 4-40 所示，复制字幕。

步骤 08 将播放指示器移至 00:00:03:03 位置，然后执行"编辑"|"粘贴"命令，如图 4-41 所示。

图 4-40　　　　　　　　图 4-41

步骤 09 将选择的字幕粘贴至蓝莓字幕的后方，调整字幕片段的时间长度，使其和视频中樱桃场景的时间长度一致，如图 4-42 所示。

步骤 10 选择粘贴的字幕片段，然后在"文本检查器"窗口的"文本"选项区中输入文本"樱桃"，如图 4-43 所示。

图 4-42　　　　　　　　图 4-43

步骤 11 在"表面"选项区中，单击"颜色"右侧的色块，打开"颜色"面板，选择紫色，如图 4-44 所示。

步骤 12 上述操作完成后，即可更改粘贴的字幕的内容和颜色。在"检视器"窗口中将字幕移至合适的位置，效果如图 4-45 所示。

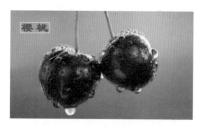

图 4-44　　　　　　　　图 4-45

步骤13 参照步骤08至步骤12的操作方法，为视频添加"葡萄""草莓""荔枝""橙子"字幕，并将其时间长度调整至和视频中对应画面的时间长度一致，如图4-46所示。

图 4-46

步骤14 上述操作完成后，再为视频添加一首合适的音乐。在"检视器"窗口中可查看最终的字幕效果，如图4-47所示。

图 4-47

4.6　滚动字幕　电影片尾效果

当一部视频播放完毕后，片尾通常会播放这部视频的演员、制片人、导演等信息，这些信息被称为滚动字幕。滚动字幕在Final Cut Pro中也能制作。下面将介绍具体的操作方法。

步骤 01 新建一个"事件名称"为"4.6 电影片尾效果"的事件，用鼠标右键在新添加事件的"事件浏览器"窗口的空白处单击，在弹出的快捷菜单中选择"导入媒体"命令，打开"媒体导入"对话框，在"名称"下拉列表中选择对应文件夹下的视频素材，然后单击"导入所选项"按钮，将选择的视频素材导入"事件浏览器"窗口，如图 4-48 所示。

步骤 02 选择已添加的视频片段，将其添加至"磁性时间线"窗口的视频轨道上，如图 4-49 所示。

图 4-48   图 4-49

步骤 03 在"事件资源库"窗口中单击"显示或隐藏'字幕和发生器'边栏"按钮，打开"字幕和发生器"窗口，在左侧列表框中选择"字幕"选项，然后在右侧的列表框中选择"滚动"特效字幕，如图 4-50 所示。

步骤 04 将选择的特效字幕添加至"磁性时间线"窗口的视频轨道中，将新添加的字幕片段的时间长度调整至与视频片段的时间长度一致，如图 4-51 所示。

图 4-50   图 4-51

步骤 05 选择"滚动"字幕片段，在"字幕检查器"窗口的"文本"选项区中输入文本"演职人员名单"，如图 4-52 所示。

图 4-52

步骤 06 选择"滚动"字幕片段，在"检视器"窗口中将字幕移至画面右侧，并将"名称 描述"文本修改为新的文本内容，如图 4-53 所示。

图 4-53

步骤 07 选择视频片段，将播放指示器移至视频的起始位置，在"视频检查器"窗口的"变换"选项区中，单击"缩放（全部）"右侧的"添加关键帧"按钮◈，如图 4-54 所示，在视频的起始位置添加一个关键帧。

步骤 08 将播放指示器移至00:00:03:00处，在"视频检查器"窗口的"变换"选项区中，设置"缩放（全部）"为55%，如图 4-55 所示，系统将自动在播放指示器所在位置添加一个关键帧。

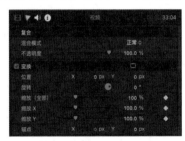

图 4-54   图 4-55

步骤 09 保持播放指示器位置不变，单击"位置"右侧的"添加关键帧"按钮◈，如图 4-56 所示，在播放指示器所在位置添加一个关键帧。

步骤 10 将播放指示器移至00:00:06:00处，在"视频检查器"窗口的"变换"选项区中，设置"位置 X"为−432.1px，如图 4-57 所示，系统将自动在播放指示器所在位置添加一个关键帧。

图 4-56   图 4-57

步骤 11 上述操作完成后，再为视频添加一首合适的音乐。在"检视器"窗口中可查看最终的字幕效果，如图 4-58 所示。

图 4-58

4.7 时间码 中秋古调 DV

在视频片段上添加"时间码"发生器，可以直接在视频片段上显示视频的时间长度。下面介绍添加"时间码"发生器的具体方法。

步骤 01 新建一个"事件名称"为"4.7 中秋古调 DV"的事件，用鼠标右键在"事件浏览器"窗口的空白处单击，在弹出的快捷菜单中选择"导入媒体"命令，打开"媒体导入"对话框，选择对应文件夹下的视频素材，单击"导入所选项"按钮，将选择的视频片段添加至"事件浏览器"窗口，如图 4-59 所示。

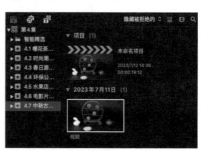

图 4-59

步骤 02 在"事件浏览器"窗口中选择视频片段，将其添加至"磁性时间线"窗口的视频轨道上，如图 4-60 所示。

图 4-60

步骤 03 在"字幕和发生器"窗口中，在左侧列表框中选择"发生器"|"元素"选项，然后在右侧的列表框中选择"时间码"发生器，如图 4-61 所示。

步骤 04 将选择的"时间码"发生器添加至"磁性时间线"窗口的视频片段的上方，然后调整添加的"时间码"发生器的时间长度，如图 4-62 所示。

图 4-61 　　　　　　　　　　　　　　图 4-62

步骤 05 选择"时间码"发生器，在"发生器检查器"窗口中，设置"Size"为 38.0，单击"Background Color"（背景颜色）左侧的三角形按钮▶，展开选项区，设置"不透明度"为 0，如图 4-63 所示。

图 4-63

步骤 06 执行操作后，即可将时间码缩小，并去除时间码的背景颜色，如图 4-64 所示。

步骤 07 在"检视器"窗口中将时间码移至合适的位置，单击"从播放头位置向前播放 - 空格键"按钮▶，预览时间码效果，如图 4-65 所示。

图 4-64 　　　　　　　　　　　　　　图 4-65

4.8　打字效果　夏日 Vlog 片头

本节将制作 Vlog 视频中常用的打字效果，方法简单便捷，配合打字音效可以使字幕效果更加自然逼真。下面介绍制作打字效果的具体操作方法。

步骤 01　新建一个"事件名称"为"4.8 夏日 Vlog 片头"的事件，用鼠标右键在新添加事件的"事件浏览器"窗口的空白处单击，在弹出的快捷菜单中选择"导入媒体"命令，打开"媒体导入"对话框，在"名称"下拉列表中选择对应文件夹下的视频素材，然后单击"导入所选项"按钮，将选择的视频素材导入"事件浏览器"窗口，如图 4-66 所示。

步骤 02　选择视频片段，将其添加至"磁性时间线"窗口的视频轨道上，如图 4-67 所示。

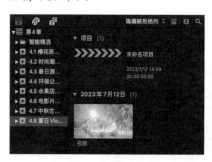

图 4-66

图 4-67

步骤 03　在"事件资源库"窗口中单击"显示或隐藏'字幕和发生器'边栏"按钮![按钮]，打开"字幕和发生器"窗口，在左侧列表框中选择"字幕"选项，然后在右侧的列表框中选择"打字机"特效字幕，如图 4-68 所示。

步骤 04　将选择的特效字幕添加至"磁性时间线"窗口的视频轨道中，将播放指示器移至 00:00:02:23 处，调整字幕片段的时间长度，使其末端和播放指示器对齐，如图 4-69 所示。

图 4-68

图 4-69

步骤 05 选择特效字幕片段，在"字幕检查器"窗口的"文本"选项区中，输入文本"七月盛夏之旅"，在"基本"选项区中，设置文本的"Font"（字体）为"华文楷体"，设置"Size"（大小）为120.0，设置"字距"为24.23%，如图 4-70 所示。执行操作后，即可更改字幕字体并将字幕放大，如图 4-71 所示。

图 4-70

图 4-71

步骤 06 上述操作完成后，再为视频添加一首合适的音乐。在"检视器"窗口中可查看最终的字幕效果，如图 4-72 所示。

图 4-72

第 5 章

转场效果：让画面切换更流畅

　　为视频添加和制作特殊效果，不仅需要对视频片段进行剪辑，还需要为视频片段添加合适的滤镜效果及转场效果，这样才能实现画面视觉效果的最大化，以使观众获得丰富的视听体验。本章将介绍 Final Cut Pro 中转场效果的应用方法，帮助读者掌握转场效果的使用技巧。

5.1　添加转场效果　古风人像视频

在两个视频片段之间或一个视频片段的左右两端添加转场效果，可以使视频之间的切换及视频的入场、出场更加自然。下面介绍添加转场效果的具体操作方法。

步骤 01　新建一个名称为"第5章"的资源库。然后在"事件资源库"窗口中新建一个"事件名称"为"5.1 古风人像视频"的事件。

步骤 02　用鼠标右键在"事件浏览器"窗口的空白处单击，在弹出的快捷菜单中选择"导入媒体"命令，打开"媒体导入"对话框，在"名称"下拉列表中选择对应文件夹下的视频素材，单击"导入所选项"按钮，将选择的视频片段添加至"事件浏览器"窗口中，如图5-1所示。

步骤 03　在"事件浏览器"窗口中选择所有的视频片段，将其添加至"磁性时间线"窗口的视频轨道上，并适当进行裁剪，如图5-2所示。

图 5-1

图 5-2

步骤 04　在"磁性时间线"窗口的右上方单击"显示或隐藏转场浏览器"按钮，打开"转场浏览器"窗口，在左侧列表框中选择"对象"选项，在右侧列表框中选择"面纱"转场效果，如图5-3所示。

步骤 05　将选择的转场效果添加至视频片段的中间位置，此时鼠标指针右下角有一个带"+"的绿色圆形标记，如图5-4所示。

图 5-3

图 5-4

步骤 06　释放鼠标左键，即可在两个视频片段之间添加一个转场效果，"磁性时间线"窗口中的效果如图5-5所示。

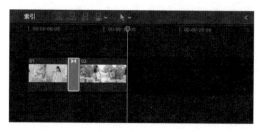

图 5-5

步骤 07 在"检视器"窗口中单击"从播放头位置向前播放-空格键"按
钮 ▶，预览转场效果，如图 5-6 所示。

图 5-6

5.2 添加首尾转场效果 美食广告视频

在添加转场效果时，不仅可以将其添加到所选片段的某个编辑点上，还可
以直接将其添加到整个片段上。下面介绍如何在同一片段的首尾处添加转场效
果。

步骤 01 用鼠标右键在"事件资源库"窗口的空白处单击，在弹出的快捷
菜单中选择"新建事件"命令，打开"新建事件"对话框，设置"事件名称"
为"5.2 美食广告视频"，单击"好"按钮，新建一个事件。

步骤 02 用鼠标右键在"事件浏览器"窗口的空白处单击，在弹出的快捷
菜单中选择"导入媒体"命令，打开"媒体导入"对话框，在"名称"下拉列
表中选择对应文件夹下的视频素材，单击"导入所选项"按钮，将选择的视频
片段添加至"事件浏览器"窗口中，如图 5-7 所示。

步骤 03 在"事件浏览器"窗口中选择视频片段，将其添加至"磁性时间
线"窗口的视频轨道上，如图 5-8 所示。

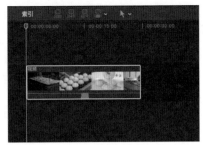

图 5-7	图 5-8

步骤 04 在"转场浏览器"窗口的左侧列表框中选择"叠化"选项，在右侧列表框中选择"交叉叠化"转场效果，如图 5-9 所示。

步骤 05 在选择的转场效果上双击，即可在视频片段的开头和结尾处添加该转场效果，如图 5-10 所示。

图 5-9	图 5-10

步骤 06 在"检视器"窗口中单击"从播放头位置向前播放 - 空格键"按钮 ▶，预览转场效果，如图 5-11 所示。

图 5-11

■■ **提示**

按快捷键 Command+A 全选视频轨道上的所有片段，然后在选择的转场效果上双击，即可在所有片段上添加该转场效果。如果需要进行多选，则在选择片段或编辑点的同时按住 Command 键即可。

5.3　连接片段　海景氛围大片

在 Final Cut Pro 中，用户可以直接在连接片段上添加转场效果。下面介绍在连接片段上添加转场效果的具体方法。

步骤 01　用鼠标右键在"事件资源库"窗口的空白处单击，在弹出的快捷菜单中选择"新建事件"命令，打开"新建事件"对话框，设置"事件名称"为"5.3 海景氛围大片"，单击"好"按钮，新建一个事件。

步骤 02　用鼠标右键在"事件浏览器"窗口的空白处单击，在弹出的快捷菜单中选择"导入媒体"命令，打开"媒体导入"对话框，在"名称"下拉列表中选择对应文件夹下的视频素材，单击"导入所选项"按钮，将选择的视频片段添加至"事件浏览器"窗口，如图 5-12 所示。

步骤 03　在"事件浏览器"窗口中选择所有视频片段，单击"将所选片段连接到主要故事情节"按钮 ，添加多个连接片段，如图 5-13 所示。

图 5-12　　　　　　　　　　　　　　　图 5-13

步骤 04　在"转场浏览器"窗口的左侧列表框中选择"对象"选项，在右侧列表框中选择"星形"转场效果，如图 5-14 所示。

步骤 05　将选择的转场效果拖曳至视频轨道中间的连接片段上，释放鼠标左键，弹出提示对话框，单击"创建转场"按钮，会在所选片段与前后片段之间分别添加一个转场效果，如图 5-15 所示。

图 5-14

图 5-15

步骤 06 在"检视器"窗口中单击"从播放头位置向前播放 - 空格键"按钮▶，预览转场效果，如图 5-16 所示。

图 5-16

5.4 转场效果设置 时尚女鞋广告

在 Final Cut Pro 中，可以通过"设置"功能来设置转场效果的默认时间长度。下面介绍修改转场效果默认时间长度的具体方法。

步骤 01 用鼠标右键在"事件资源库"窗口的空白处单击，在弹出的快捷菜单中选择"新建事件"命令，打开"新建事件"对话框，设置"事件名称"为"5.4 时尚女鞋广告"，单击"好"按钮，新建一个事件。

步骤 02 用鼠标右键在"事件浏览器"窗口的空白处单击，在弹出的快捷菜单中选择"导入媒体"命令，打开"媒体导入"对话框，在"名称"下拉列表中选择对应文件夹下的视频素材，单击"导入所选项"按钮，将选择的视频片段添加至"事件浏览器"窗口，如图 5-17 所示。

步骤 03 在"事件浏览器"窗口中选择所有视频片段，将其添加至"磁性时间线"窗口的视频轨道上，如图 5-18 所示。

图 5-17   图 5-18

步骤 04 执行"Final Cut Pro"|"设置"命令，如图 5-19 所示。

步骤 05 打开"编辑"面板，设置"转场"为 3.00 秒钟，即可设置好转场效果的默认时间长度，如图 5-20 所示。

图 5-19 图 5-20

步骤 06 在"转场浏览器"窗口的左侧列表框中选择"叠化"选项，在右侧列表框中选择"光流"转场效果，如图 5-21 所示。

步骤 07 将选择的转场效果添加至第 1 个视频片段的末尾处，添加的转场效果的默认时间长度为 3s，如图 5-22 所示。

图 5-21 图 5-22

步骤 08 在"检视器"窗口中单击"从播放头位置向前播放 - 空格键"按钮▶，预览转场效果，如图 5-23 所示。

图 5-23

5.5 复制转场效果 旅拍景点打卡

添加转场效果后，如果想将转场效果快速应用到其他视频片段中，可以采用"移动""复制""替换"命令来实现。下面介绍如何移动、复制转场效果。

步骤 01 用鼠标右键在"事件资源库"窗口的空白处单击，在弹出的快捷菜单中，选择"新建事件"命令，打开"新建事件"对话框，设置"事件名称"为"5.5 旅拍景点打卡"，单击"好"按钮，新建一个事件。

步骤 02 用鼠标右键在"事件浏览器"窗口的空白处单击，在弹出的快捷菜单中选择"导入媒体"命令，打开"媒体导入"对话框，在"名称"下拉列表中选择对应文件夹下的视频素材，单击"导入所选项"按钮，将选择的视频片段添加至"事件浏览器"窗口，如图5-24所示。

步骤 03 在"事件浏览器"窗口中选择所有视频片段，将其添加至"磁性时间线"窗口的视频轨道上，并进行适当修剪，如图5-25所示。

图 5-24   图 5-25

步骤 04 在"转场浏览器"窗口的左侧列表框中选择"叠化"选项，在右侧的列表框中选择"交叉叠化"转场效果，如图5-26所示。

步骤 05 将选择的转场效果添加至视频结尾处，如图5-27所示。

图 5-26   图 5-27

步骤 06 按住Option键，将已添加的转场效果拖曳到视频的起始位置，则可以在新的编辑点上粘贴该转场效果，如图5-28所示。

图 5-28

步骤 07 在"转场浏览器"窗口的左侧列表框中选择"光源"选项，在右侧的列表框中选择"光噪"转场效果，如图 5-29 所示。

步骤 08 将选择的转场效果添加至素材 01 和素材 02 之间的编辑点上，如图 5-30 所示。

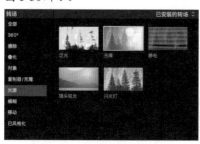

图 5-29

图 5-30

步骤 09 参照步骤 06 的操作方法，将"光噪"转场效果复制至素材 02 和素材 03 之间、素材 03 和素材 04 之间的编辑点上，如图 5-31 所示。

图 5-31

步骤 10 在"检视器"窗口中单击"从播放头位置向前播放 - 空格键"按钮 ▶，预览转场效果，如图 5-32 所示。

图 5-32

5.6 "索引"功能 浪漫爱情记录

如果要删除多余的转场效果，可以使用"删除"命令来实现。下面介绍如何通过"索引"功能快速删除同名称的转场效果。

步骤01 用鼠标右键在"事件资源库"窗口的空白处单击，在弹出的快捷菜单中选择"新建事件"命令，打开"新建事件"对话框，设置"事件名称"为"5.6 浪漫爱情记录"，单击"好"按钮，新建一个事件。

步骤02 用鼠标右键在"事件浏览器"窗口的空白处单击，在弹出的快捷菜单中选择"导入媒体"命令，打开"媒体导入"对话框，在"名称"下拉列表中选择对应文件夹下的视频素材，单击"导入所选项"按钮，将选择的视频片段添加至"事件浏览器"窗口，如图5-33所示。

步骤03 在"事件浏览器"窗口中选择视频片段，将其添加至"磁性时间线"窗口的视频轨道上，并适当进行裁剪，如图5-34所示。

图 5-33

图 5-34

步骤04 在"转场浏览器"窗口的左侧列表框中选择"叠化"选项，在右侧的列表框中选择"交叉叠化"转场效果，如图5-35所示。

步骤05 将选择的转场效果添加至素材01和素材02的中间位置，如图5-36所示。

图 5-35

图 5-36

步骤06 按住Option键，将已添加的转场效果拖曳到素材02和素材03的中间位置，并参照上述操作方法将转场效果复制到视频的结尾处，如图 5-37所示。

步骤07 参照步骤04和步骤05的操作方法在视频的起始位置添加"叠化"选项中的"分隔"转场效果，如图 5-38所示。

图 5-37　　　　　　　　　　　　　　　图 5-38

提示

预览视频效果，若觉得所有片段之间都使用相同的转场效果太过单调，则可以使用"索引"功能快速删除同名称的转场效果。

步骤08 在"磁性时间线"窗口的左上角单击"索引"按钮，打开"时间线索引"窗口，在搜索栏中输入转场效果名称并搜索，将搜索到相同名称的转场效果，按住Shift键，选中00:00:11:07和00:00:18:22处的"交叉叠化"转场效果，如图 5-39所示，按Delete键删除，如图 5-40所示。

图 5-39　　　　　　　　　　　　　　　图 5-40

步骤09 在"检视器"窗口中单击"从播放头位置向前播放-空格键"按钮▶，预览转场效果，如图 5-41所示。

图 5-41

5.7 调整转场效果 亲子游玩碎片

显示精确度编辑器后，可以通过精确度编辑器调整转场效果的位置和时长。下面介绍如何利用精确度编辑器调整转场效果。

步骤01 用鼠标右键在"事件资源库"窗口的空白处单击，在弹出的快捷菜单中选择"新建事件"命令，打开"新建事件"对话框，设置"事件名称"为"5.7 亲子游玩碎片"，单击"好"按钮，新建一个事件。

步骤02 用鼠标右键在"事件浏览器"窗口的空白处单击，在弹出的快捷菜单中选择"导入媒体"命令，打开"媒体导入"对话框，在"名称"下拉列表中选择对应文件夹下的视频素材，然后单击"导入所选项"按钮，即可将选择的视频片段添加至"事件浏览器"窗口中，如图5-42所示。

步骤03 在"事件浏览器"窗口中选择所有视频片段，将其添加至"磁性时间线"窗口的视频轨道上，并适当进行裁剪，如图5-43所示。

图 5-42

图 5-43

步骤04 在"转场浏览器"窗口的左侧列表框中选择"对象"选项，在右侧的列表框中选择"开门"转场效果，如图5-44所示。

步骤05 将选择的视频转场添加至视频片段的左侧编辑点上，然后用鼠标右键在新添加的转场效果上单击，在弹出的快捷菜单中选择"显示精确度编辑器"命令，如图5-45所示。

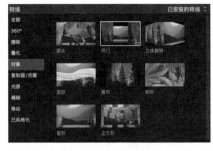

图 5-44

图 5-45

步骤 06 将鼠标指针悬停在黄色矩形滑块的边缘，当鼠标指针变成 ✥ 后，按住鼠标左键并向右拖曳进行调整，即可改变转场效果的时间长度，如图 5-46 所示。

图 5-46

步骤 07 在"检视器"窗口中单击"从播放头位置向前播放 - 空格键"按钮 ▶，预览转场效果，如图 5-47 所示。

图 5-47

5.8 擦除转场效果 调色对比视频

在 Final Cut Pro 中，灵活使用转场效果并结合滤镜效果，可以制作出常见的调色对比视频。下面将介绍具体的制作方法。

步骤 01 用鼠标右键在"事件资源库"窗口的空白处单击，在弹出的快捷菜单中选择"新建事件"命令，打开"新建事件"对话框，设置"事件名称"为"5.8 调色对比视频"，单击"好"按钮，新建一个事件。

步骤 02 用鼠标右键在"事件浏览器"窗口的空白处单击，在弹出的快捷菜单中选择"导入媒体"命令，打开"媒体导入"对话框，在"名称"下拉列表中选择对应文件夹下的视频素材，然后单击"导入所选项"按钮，将选择的视频素材导入"事件浏览器"窗口中，如图 5-48 所示。

步骤 03 在"事件浏览器"窗口中选择视频片段，将其添加至"磁性时间线"窗口的视频轨道上，如图 5-49 所示。

图 5-48 　　　　　　　　　图 5-49

步骤 04 按住Option键，将已经添加好的视频片段向右拖曳，在轨道中复制出一个视频片段，如图 5-50所示。

图 5-50

步骤 05 在"磁性时间线"窗口右上方单击"显示或隐藏效果浏览器"按钮，打开"效果浏览器"窗口，在左侧列表框中，选择"风格化"选项，在右侧列表框中选择"老电影"滤镜效果，如图 5-51所示。

步骤 06 将选择的滤镜效果添加至视频片段上，此时鼠标指针右下角有一个带"+"的绿色图形标记，如图 5-52所示。

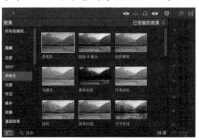

图 5-51

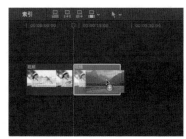

图 5-52

步骤 07 在对视频片段进行适当裁剪后，切换至"转场浏览器"窗口，选择"擦除"转场效果，如图 5-53所示。

步骤 08 将选择的转场效果拖曳至视频片段的中间位置，释放鼠标左键，即可完成转场效果的添加，如图 5-54所示。

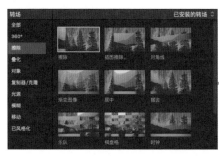

图 5-53

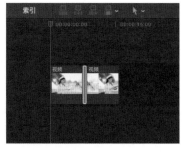

图 5-54

步骤 09 用鼠标右键在新添加的转场效果上单击，在弹出的快捷菜单中选择"显示精确度编辑器"命令，如图 5-55 所示。

步骤 10 将鼠标指针悬停在黄色矩形滑块的边缘，当鼠标指针变成后，按住鼠标左键并向右拖曳进行调整，即可改变转场效果的时间长度，如图 5-56 所示。

图 5-55

图 5-56

步骤 11 在"检视器"窗口中单击"从播放头位置向前播放-空格键"按钮▶，预览最终的视频效果，如图 5-57 所示。

图 5-57

第 6 章

动画合成：呈现
创意十足的画面

在制作视频时，不仅可以添加转场效果使画面的切换更自然，还可以通过添加关键帧来为视频画面增添缩放、旋转和移动等动画效果，从而让视频画面更加丰富，让画面效果更加生动。本章将详细讲解合成动画的方法。

6.1 缩放动画 模拟运镜效果

在"视频检查器"窗口中，设置缩放关键帧即可制作出缩放动画效果。下面介绍制作缩放关键帧动画的具体方法。

步骤01 新建一个名称为"第6章"的资源库。然后用鼠标右键在"事件资源库"窗口的空白处单击，在弹出的快捷菜单中选择"新建事件"命令，打开"新建事件"对话框，设置"事件名称"为"6.1模拟运镜效果"，单击"好"按钮，新建一个事件。

步骤02 用鼠标右键在"事件浏览器"窗口的空白处单击，在弹出的快捷菜单中选择"导入媒体"命令，打开"媒体导入"对话框，在"名称"下拉列表中选择对应文件夹下的图像素材，然后单击"导入所选项"按钮，将选择的图像素材导入"事件浏览器"窗口，如图6-1所示。

步骤03 选择素材01～06，将其添加至"磁性时间线"窗口的视频轨道上，并将每段素材都裁剪至2s左右，如图6-2所示。

图 6-1　　　　　　　　　　　　　　　图 6-2

步骤04 选择素材01，将播放指示器移至00:00:00:00位置，在"视频检查器"窗口的"变换"选项区中，设置"缩放（全部）"为130%，然后单击"缩放（全部）"右侧的"添加关键帧"按钮，添加一组关键帧，如图6-3所示。

步骤05 将播放指示器移至素材01的末端，在"视频检查器"窗口的"变换"选项区中，设置"缩放（全部）"为100%，如图6-4所示，系统将自动在播放指示器所在的位置添加一组关键帧。

图 6-3　　　　　　　　　　　　　　　图 6-4

步骤 06 参照步骤04和步骤05的操作方法，为余下的素材添加缩放关键帧。

步骤 07 完成关键帧动画的制作后，再为视频添加一首合适的音乐，然后在"检视器"窗口中单击"从播放头位置向前播放-空格键"按钮▶，预览动画效果，如图6-5所示。

图 6-5

6.2 不透明度 无缝转场效果

使用"不透明度"参数与"添加关键帧"功能，可以制作不透明度关键帧动画，结合画中画还可以制作无缝转场效果。下面介绍使用不透明度关键帧动画制作无缝转场效果的具体方法。

步骤 01 新建一个"事件名称"为"6.2 无缝转场效果"的事件，用鼠标右键在"事件浏览器"窗口的空白处单击，在弹出的快捷菜单中选择"导入媒体"命令，打开"媒体导入"对话框，在"名称"下拉列表中选择对应文件夹下的视频素材，然后单击"导入所选项"按钮，将选择的视频素材导入"事件浏览器"窗口，如图6-6所示。

步骤 02 选择素材01，将其添加至"磁性时间线"窗口的视频轨道上，并对其进行适当裁剪；将播放指示器移至00:00:03:00处，选择素材02，将其添加至素材01的上方，使素材02的起始位置与播放指示器对齐，然后对其进行适当裁剪，如图6-7所示。

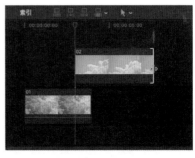

图 6-6 　　　　　　　　　　　　　　　　图 6-7

步骤03 将播放指示器移至素材01的末端，选择素材02，在"视频检查器"窗口的"复合"选项区中，单击"不透明度"右侧的"添加关键帧"按钮⊕，添加一个关键帧，如图6-8所示。

步骤04 将播放指示器移至素材02的起始位置，在"视频检查器"窗口的"复合"选项区中，设置"不透明度"为0%，如图6-9所示，系统将自动在播放指示器所在位置添加一个关键帧。

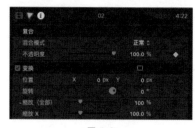

图 6-8   图 6-9

步骤05 将播放指示器移至00:00:06:16处，选择素材03，将其添加至素材02的上方，使素材03的起始位置与播放指示器对齐，然后对其进行适当裁剪，如图 6-10所示。

步骤06 将播放指示器移至素材02的末端，选择素材03，在"视频检查器"窗口的"复合"选项区中，单击"不透明度"右侧的"添加关键帧"按钮⊕，添加一个关键帧，如图6-11所示。

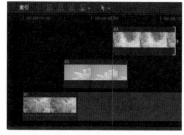
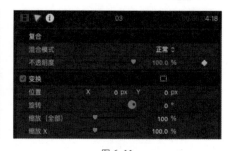

图 6-10   图 6-11

步骤07 将播放指示器移至素材03的起始位置，在"视频检查器"窗口的"复合"选项区中，设置"不透明度"为0%，如图6-12所示，系统将自动在播放指示器所在位置添加一个关键帧。

步骤08 参照步骤06和步骤07的操作方法，将素材04添加至"磁性时间线"窗口的视频轨道上，对其进行适当裁剪，并添加不透明度关键帧，如图6-13所示。

步骤09 完成不透明度关键帧动画的制作后，再为视频添加一首合适的音乐，然后在"检视器"窗口中单击"从播放头位置向前播放-空格键"按钮▶，预览视频效果，如图6-14所示。

图 6-12

图 6-13

图 6-14

6.3 删除关键帧 水墨国风片头

　　显示视频动画后，可以通过添加与删除关键帧来制作符合心意的动画效果。下面介绍添加与删除关键帧的具体方法。

步骤 01　　新建一个"事件名称"为"6.3 水墨国风片头"的事件，用鼠标右键在"事件浏览器"窗口的空白处单击，在弹出的快捷菜单中选择"导入媒体"命令，打开"媒体导入"对话框，在"名称"下拉列表中选择对应文件夹下的视频素材，然后单击"导入所选项"按钮，将选择的视频素材导入"事件浏览器"窗口，如图 6-15 所示。

步骤 02　　选择视频片段，将其添加至"磁性时间线"窗口的视频轨道上，如图 6-16 所示。

图 6-15

图 6-16

步骤 03 选择视频片段，将播放指示器移至视频的起始位置，在"视频检查器"窗口的"变换"选项区中，设置"缩放（全部）"为138%，并单击"添加关键帧"按钮⊕添加一个关键帧，如图6-17所示。

步骤 04 将播放指示器向后移动并更改"缩放（全部）"参数，更改两次，系统将自动在播放指示器所在位置添加关键帧。

步骤 05 用鼠标右键在视频片段上单击，在弹出的快捷菜单中选择"显示视频动画"命令，如图6-18所示。

图 6-17   图 6-18

步骤 06 执行操作后，视频轨道中即可显示视频动画，并显示出视频片段中已经添加的关键帧，如图6-19所示。

步骤 07 用鼠标右键单击第3个关键帧，打开快捷菜单，选择"删除关键帧"命令，如图6-20所示，即可删除选中的关键帧。

图 6-19   图 6-20

步骤 08 删除关键帧后，再为视频添加一首合适的音乐，然后在"检视器"窗口中单击"从播放头位置向前播放 - 空格键"按钮▶，预览视频效果，如图6-21所示。

图 6-21

6.4 抠像效果 白鸽展翅高飞

使用"抠像器"效果可以将画面中不想要的颜色抠除掉，比较常见的使用场景是抠除素材中的绿幕、蓝幕。下面将介绍使用抠像效果，结合绿幕素材进行画面合成的方法。

步骤 01 新建一个"事件名称"为"6.4 白鸽展翅高飞"的事件，用鼠标右键在"事件浏览器"窗口的空白处单击，在弹出的快捷菜单中选择"导入媒体"命令，打开"媒体导入"对话框，在"名称"下拉列表中选择对应文件夹下的视频素材和绿幕素材，单击"导入所选项"按钮，将选择的素材添加至"事件浏览器"窗口中，如图 6-22 所示。

步骤 02 在"事件浏览器"窗口中选择视频片段，将其添加至"磁性时间线"窗口的视频轨道上，然后选择绿幕素材，将其添加至视频素材的上方，并对视频素材进行适当裁剪，使其和绿幕素材的时间长度保持一致，如图 6-23 所示。

图 6-22   图 6-23

步骤 03 在"效果浏览器"窗口的左侧列表框中选择"抠像"选项，在右侧的列表框中选择"抠像器"滤镜效果，如图 6-24 所示。

步骤 04 将选择的滤镜效果添加至绿幕素材上，即可添加抠像效果，如图 6-25 所示。

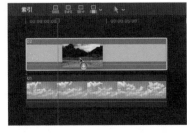

图 6-24   图 6-25

步骤05 完成所有操作后，再为视频添加一首合适的音乐，然后在"检视器"窗口中单击"从播放头位置向前播放-空格键"按钮▶，预览视频效果，如图6-26所示。

图6-26

6.5 合成动画 毕业纪念相册

通过设置"变换"选项区中的参数，可以将多个视频片段合成一个整体。下面介绍合成动画的具体方法。

步骤01 新建一个"事件名称"为"6.5毕业纪念相册"的事件，然后用鼠标右键在"事件浏览器"窗口的空白处单击，在弹出的快捷菜单中选择"导入媒体"命令，打开"媒体导入"对话框，在"名称"下拉列表中选择对应文件夹下的素材，然后单击"导入所选项"按钮，将选择的图像素材导入"事件浏览器"窗口，如图6-27所示。

步骤02 选择素材01，将其添加至"磁性时间线"窗口的视频轨道上，然后选择素材02～06，将其添加至素材01的上方，并将时间长度调整至和素材01同长，如图6-28所示。

图6-27

图6-28

步骤03 在"效果浏览器"窗口的左侧列表框中选择"风格化"选项，在右侧的列表框中选择"简单边框"滤镜效果，如图6-29所示。

步骤04 将选择的滤镜效果添加至素材02上，然后在"视频检查器"窗口的"简单边框"选项区中，设置"Color"（颜色）为白色，设置"Width"（宽度）为10.0，如图6-30所示，完成边框的添加与修改。

步骤05 参照步骤03和步骤04的操作方法，为余下的素材03、素材04、素材05、素材06添加"简单边框"滤镜效果。

图 6-29　　　　　　　　　　　　　　图 6-30

步骤 06　选择素材02，然后将播放指示器移至00:00:00:00位置，在"视频检查器"窗口的"变换"选项区中，单击"旋转"和"缩放（全部）"右侧的"添加关键帧"按钮 ，添加一组关键帧，如图 6-31 所示。

步骤 07　将播放指示器移至00:00:06:00位置，在"视频检查器"窗口的"变换"选项区中，设置"旋转"为5.3°，设置"缩放（全部）"为34.28%，如图 6-32 所示，系统将自动在播放指示器所在的位置添加一组关键帧。

图 6-31　　　　　　　　　　　　　　图 6-32

步骤 08　参照步骤07和步骤08的操作方法，为余下的素材03、素材04、素材05、素材06制作旋转缩放的关键帧动画效果。

步骤 09　选择素材02，将播放指示器移至00:00:00:00的位置，在"视频检查器"窗口的"变换"选项区中，单击"位置"旁边的"添加关键帧"按钮 ，添加一个关键帧，如图 6-33 所示。

步骤 10　将播放指示器移至00:00:06:00，在"视频检查器"窗口的"变换"选项区中，设置"位置"X参数为-451.8px、Y参数为194.4px，如图 6-34 所示，系统将自动在播放指示器所在位置添加一组关键帧。

图 6-33　　　　　　　　　　　　　　图 6-34

步骤 11　参照步骤10和步骤11操作方法，为余下的素材03、素材04、素材05、素材06添加位置关键帧。

步骤 12 完成合成动画的制作后，再为视频添加一首合适的音乐，然后在"检视器"窗口中单击"从播放头位置向前播放-空格键"按钮▶，预览动画效果，如图6-35所示。

图 6-35

6.6 变身效果 漫画秒变真人

本节将通过实例来练习转场和抠像合成操作，并结合滤镜效果制作漫画变身效果。下面介绍具体的操作方法。

步骤 01 新建一个"事件名称"为"6.6 漫画秒变真人"的事件，然后用鼠标右键在"事件浏览器"窗口的空白处单击，在弹出的快捷菜单中选择"导入媒体"命令，打开"媒体导入"对话框，在"名称"下拉列表中选择对应文件夹下的视频素材和绿幕素材，然后单击"导入所选项"按钮，将选择的素材导入"事件浏览器"窗口中，如图6-36所示。

步骤 02 在"事件浏览器"窗口中选择视频片段，将其添加至"磁性时间线"窗口的视频轨道上，然后选择绿幕素材，将其添加至视频素材的上方，并对其进行适当裁剪，使其和视频素材的时间长度保持一致，如图6-37所示。

图 6-36

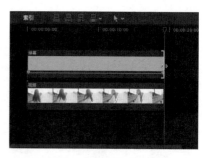

图 6-37

步骤 03 将播放指示器移至00:00:11:19处，使用"切割"工具✂在播放指示器所在位置将视频一分为二，如图6-38所示。

步骤 04 在"效果浏览器"窗口的左侧列表框中选择"漫画效果"选项，在右侧列表框中选择"漫画棕褐色"滤镜效果，如图 6-39 所示。

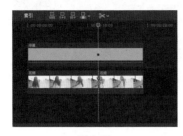

图 6-38   图 6-39

步骤 05 将选择的"漫画棕褐色"滤镜效果添加至切割出来的前半段素材上，如图 6-40 所示。在前半段素材上移动鼠标指针，可以在"检视器"窗口中预览添加滤镜效果之后的画面效果，如图 6-41 所示。

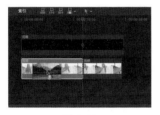

图 6-40   图 6-41

步骤 06 在"效果浏览器"窗口的左侧列表框中选择"抠像"选项，在右侧列表框中选择"抠像器"滤镜效果，如图 6-42 所示。

步骤 07 将选择的"抠像器"滤镜效果添加至绿幕素材上，可以在"检视器"窗口中预览添加滤镜效果之后的画面效果，如图 6-43 所示。

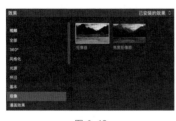

图 6-42   图 6-43

步骤 08 切换至"转场浏览器"窗口，在该窗口的左侧列表框中选择"光源"选项，在右侧列表框中选择"闪光灯"转场效果，如图 6-44 所示。

步骤 09 将选择的转场效果拖曳至两个视频片段的中间位置（即视频的切割处），如图 6-45 所示。

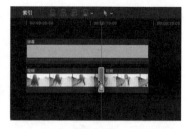

图 6-44　　　　　　　　　　　　　　　　图 6-45

步骤 10　完成视频的制作后，再为视频添加一首合适的音乐，然后在"检视器"窗口中单击"从播放头位置向前播放 - 空格键"按钮▶，预览动画效果，如图 6-46 所示。

图 6-46

第 7 章

视频调色：调出
心动的画面色调

　　画面的品质主要取决于构图、光影和色彩这3个方面，因此，在视频作品的制作过程中，极其重要的一步就是调色。通过调色可以干预画面的色彩饱和度、反差、颗粒度以及高光与阴影部分的密度，从而直接影响成片效果。本章将详细讲解视频剪辑中校正色彩的具体方法。

7.1　匹配颜色　夏日荷花调色

使用"匹配颜色"功能可以将多个剪辑片段的色调调整一致。下面介绍匹配片段颜色的具体方法。

步骤01　新建一个名称为"第7章"的资源库。然后用鼠标右键在"事件资源库"窗口的空白处单击，在弹出的快捷菜单中选择"新建事件"命令，打开"新建事件"对话框，设置"事件名称"为"7.1 夏日荷花调色"，单击"好"按钮，新建一个事件。

步骤02　用鼠标右键在"事件浏览器"窗口的空白处单击，在弹出的快捷菜单中选择"导入媒体"命令，打开"媒体导入"对话框，在"名称"下拉列表中选择对应文件夹下的视频素材，然后单击"导入所选项"按钮，将选择的视频素材导入"事件浏览器"窗口，如图 7-1 所示。

步骤03　选择视频片段，将它们添加至"磁性时间线"窗口的视频轨道上，并对其进行适当裁剪，如图 7-2 所示。

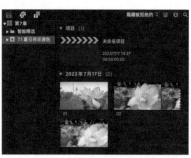

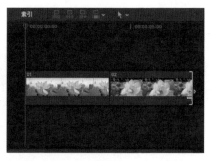

图 7-1　　　　　　　　　　　　　　　图 7-2

步骤04　选择素材02，在"检视器"窗口中的左下方单击"选取颜色校正和音频增强选项"按钮右侧的下拉按钮，在下拉列表中选择"匹配颜色"选项，如图 7-3 所示。

步骤05　上述操作完成后，"检视器"窗口被一分为二。将鼠标指针移至"磁性时间线"窗口的素材01上，鼠标指针下方会出现相机图标，如图 7-4 所示。

图 7-3　　　　　　　　　　　　　　　图 7-4

步骤 06 在素材01视频片段上单击，即可匹配颜色，然后在"检视器"窗口的右下角单击"应用匹配项"按钮，如图 7-5 所示。

图 7-5

步骤 07 上述操作完成后，即可在"检视器"窗口中查看匹配颜色后的最终效果，图 7-6 所示为调色前后的对比图。

图 7-6

7.2 调整亮度和对比度 可爱宠物调色

当视频画面过暗时，通过"亮度"和"对比度"滤镜效果可以调整视频画面的亮度和对比度。下面介绍调整画面亮度与对比度的具体方法。

步骤 01 新建一个"事件名称"为"7.2 可爱宠物调色"的事件，用鼠标右键在新添加事件的"事件浏览器"窗口的空白处单击，在弹出的快捷菜单中选择"导入媒体"命令，打开"媒体导入"对话框，在"名称"下拉列表中选择对应文件夹下的视频素材，然后单击"导入所选项"按钮，将选择的视频素材导入"事件浏览器"窗口，如图 7-7 所示。

步骤 02 选择视频片段，将其添加至"磁性时间线"窗口的视频轨道上，并对其进行适当剪辑，如图 7-8 所示。

图 7-7   图 7-8

步骤03 在"效果浏览器"窗口的左侧列表框中选择"颜色预置"选项，在右侧的列表框中选择"变亮"滤镜效果，如图7-9所示。

步骤04 将选择的"变亮"滤镜效果添加至视频片段上，然后在"颜色检查器"窗口中，单击"曝光"按钮，并在该选项卡中将第4个圆点向上拖曳，如图7-10所示。

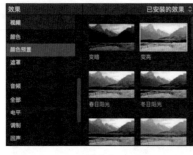

图 7-9   图 7-10

步骤05 上述操作完成后，即可调整视频画面的亮度。在"检视器"窗口中可查看调整后的效果，如图7-11所示。

步骤06 在"效果浏览器"窗口的左侧列表框中选择"颜色预置"选项，在右侧的列表框中选择"对比度"滤镜效果，如图7-12所示。

   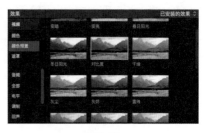

图 7-11   图 7-12

步骤07 将选择的"对比度"滤镜效果添加至视频片段上，即可调整视频画面的对比度。在"检视器"窗口中可查看调整后的效果，如图7-13所示。

图 7-13

7.3 复制颜色 艳丽花朵调色

在为某个视频片段应用"颜色"效果后,通过"拷贝"和"粘贴属性"功能,可以直接将已添加的"颜色"效果复制到其他视频片段上。下面介绍复制颜色属性的具体方法。

步骤 01 新建一个"事件名称"为"7.3 艳丽花朵调色"的事件,用鼠标右键在新添加事件的"事件浏览器"窗口的空白处单击,在弹出的快捷菜单中选择"导入媒体"命令,打开"媒体导入"对话框,在"名称"下拉列表中选择对应文件夹下的视频素材,然后单击"导入所选项"按钮,将视频素材导入"事件浏览器"窗口,如图 7-14 所示。

步骤 02 选择视频片段,将其添加至"磁性时间线"窗口的视频轨道上,并对素材01进行适当剪辑,至少保留花朵特写画面,如图 7-15 所示。

图 7-14   图 7-15

步骤 03 选择素材01,执行"修改"|"平衡颜色"命令,如图 7-16 所示。

步骤 04 平衡素材01的颜色,在"检视器"窗口中可以查看当前画面效果,如图 7-17 所示。

图 7-16   图 7-17

步骤 05 选择素材01,执行"编辑"|"拷贝"命令,复制颜色属性,如图 7-18 所示。

步骤 06 选择素材02,执行"编辑"|"粘贴属性"命令,如图 7-19 所示。

图 7-18 图 7-19

步骤 07 打开"粘贴属性"对话框，勾选"效果"复选框，然后单击"粘贴"按钮，如图 7-20 所示。

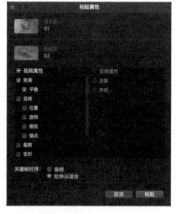

图 7-20

步骤 08 完成上述操作后，即可复制和粘贴颜色属性，在"检视器"窗口中可查看复制颜色属性后的片段效果，图 7-21 所示为调色前后的对比图。

图 7-21

■ 提示

因为调节参数是一定的，所以并不能利用复制和粘贴效果或属性的方式做到对不同片段画面中的问题进行具体分析，该方式仅适用于对在相同或相似条件下拍摄的片段进行色彩校正。

7.4 褪色效果 城市天空调色

使用形状遮罩可以在指定范围内降低画面的饱和度，制作出画面褪色效果。下面介绍如何制作画面褪色效果。

步骤 01　新建一个"事件名称"为"7.4 城市天空调色"的事件，用鼠标右键在"事件浏览器"窗口的空白处单击，在弹出的快捷菜单中选择"导入媒体"命令，打开"媒体导入"对话框，选择对应文件夹下的视频素材，单击"导入所选项"按钮，将选择的视频片段添加至"事件浏览器"窗口，如图 7-22所示。

步骤 02　在"事件浏览器"窗口中选择视频片段，将其添加至"磁性时间线"窗口的视频轨道上，并对其进行适当剪辑，如图 7-23所示。

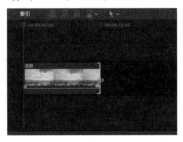

<table>
<tr><td>图 7-22</td><td>图 7-23</td></tr>
</table>

步骤 03　选择视频片段，在"颜色检查器"窗口中单击"无校正"右侧的下拉按钮，在下拉列表中选择"+颜色板"选项，如图 7-24所示。

步骤 04　添加一个色彩校正，然后单击"应用形状或颜色遮罩，或者反转已应用的遮罩"按钮 ，展开下拉列表，选择"添加形状遮罩"选项，如图 7-25所示。

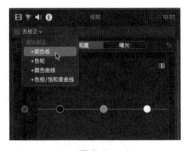
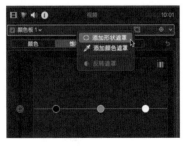

<table>
<tr><td>图 7-24</td><td>图 7-25</td></tr>
</table>

步骤 05　添加一个形状遮罩，"检视器"窗口中将显示一个同心圆，选择同心圆中的白色控制点，按住鼠标左键进行拖曳，将同心圆调整为正方形，然后再拖曳绿色控制点调整遮罩的大小，使其将画面全部覆盖，如图 7-26所示。

步骤 06　在"颜色检查器"窗口中单击"饱和度"按钮，在该选项卡中将4个圆点向下拖曳，如图 7-27所示。

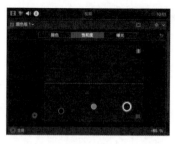

图 7-26   图 7-27

步骤 07 遮罩内部画面的饱和度降低，制作出了画面褪色效果。在"检视器"窗口中查看画面褪色效果，如图 7-28 所示。

图 7-28

■ 提示

在"颜色检查器"窗口的"遮罩"选项区中可以选择调整的范围，如图7-29 所示。单击"内部"按钮，会在设定的遮罩区域内进行调节，不影响所选区域外部的画面；而单击"外部"按钮则正好相反，仅调整遮罩区域外部的画面，对所选区域的内容没有影响。

图 7-29

7.5 区域校色 枯黄草地调色

使用颜色遮罩可以在特定的区域中校正图像的色彩。下面介绍为视频特定区域校色的具体方法。

步骤 01 新建一个"事件名称"为"7.5 枯黄草地调色"的事件，用鼠标右键在新添加事件的"事件浏览器"窗口的空白处单击，在弹出的快捷菜单中选择"导入媒体"命令，打开"媒体导入"对话框，选择对应文件夹下的视频素材，单击"导入所选项"按钮，将选择的视频片段添加至"事件浏览器"窗口中，如图 7-30 所示。

图 7-30

步骤 02 在"事件浏览器"窗口中选择视频片段，将其添加至"磁性时间线"窗口中相应的视频轨道上，如图 7-31 所示。

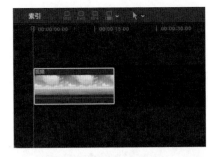

图 7-31

步骤 03 选择视频片段，在"颜色检查器"窗口中单击"无校正"右侧的下拉按钮，在下拉列表中选择"+色轮"选项，如图 7-32 所示。

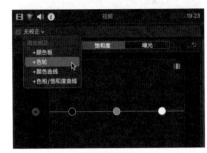

图 7-32

步骤 04 添加一个色彩校正，然后单击"应用形状或颜色遮罩，或者反转已应用的遮罩"按钮■，展开下拉列表，选择"添加颜色遮罩"选项，如图 7-33 所示。

图 7-33

步骤 05 添加一个颜色遮罩，当鼠标指针呈滴管形状时，按住鼠标左键进行拖曳，出现一个圆圈，如图 7-34 所示，释放鼠标左键，完成色彩范围的选择。

图 7-34

步骤 06 在"颜色检查器"窗口的"色轮1"选项区中，按住"全局""阴影""高光"色轮中间的圆点，将其向绿色方向移动至合适的位置，如图 7-35 所示。

步骤 07 画面中的草地区域颜色被校正了，在"检视器"窗口中可以预览校正颜色后的画面效果，如图 7-36 所示。

图 7-35　　　　　　　　　　　　　　　　图 7-36

7.6　色轮曲线　清冷人像调色

本节将通过实例来练习视频颜色的校正操作，通过"+颜色板""+颜色曲线"等功能来实现清冷人像视频的调色。下面将介绍具体的操作方法。

步骤 01 新建一个"事件名称"为"7.6 清冷人像调色"的事件，然后用鼠标右键在新添加事件的"事件浏览器"窗口的空白处单击，在弹出的快捷菜单中选择"导入媒体"命令，打开"媒体导入"对话框，选择对应文件夹下的视频素材，然后单击"导入所选项"按钮，将选择的视频素材导入"事件浏览器"窗口，如图 7-37 所示。

步骤 02 在"事件浏览器"窗口中选择新添加的视频片段，将其添加至"磁性时间线"窗口的视频轨道上，并进行适当裁剪，如图 7-38 所示。

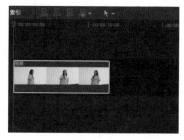

图 7-37　　　　　　　　　　　　　　　　图 7-38

步骤 03 选择视频片段，在"颜色检查器"窗口中单击"无校正"右侧的下拉按钮，在下拉列表中选择"+颜色板"选项，如图 7-39 所示。

步骤 04 在"颜色检查器"窗口中单击"饱和度"按钮，并在该选项卡中将第4个圆点向上拖曳，如图 7-40 所示。

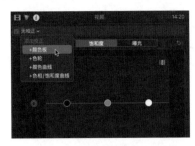

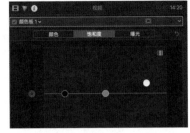

图 7-39   图 7-40

步骤 05 在"颜色检查器"窗口中单击"曝光"按钮，并在该选项卡中将第4个圆点向上拖曳，如图 7-41 所示。

步骤 06 在"检视器"窗口中查看调整后的效果，如图 7-42 所示。

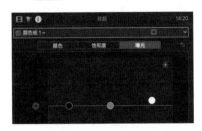

图 7-41   图 7-42

步骤 07 在"颜色检查器"窗口中选择"+颜色曲线"选项，展开曲线面板。在白色曲线上添加两个控制点，并将其适当向上拖曳；在红色曲线上添加一个控制点，并将其向下拖曳；在绿色曲线上添加一个控制点，并将其向下拖曳，如图 7-43 所示。

步骤 08 在"检视器"窗口中查看调整后的效果，如图 7-44 所示。

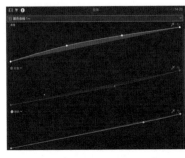

图 7-43   图 7-44

步骤 09 在"颜色检查器"窗口中选择"＋色轮"选项，展开色轮面板，将"全局""阴影""高光""中间调"色轮中间的圆点均向青色方向拖曳，如图 7-45 所示。

步骤 10 在色轮面板的下方，设置"色温"为 4577.3，设置"色调"为–3.9，如图 7-46 所示。

图 7-45　　　　　　　　　　　　　　　　图 7-46

步骤 11 在"效果浏览器"窗口的左侧列表框中选择"颜色"选项，在右侧的列表框中选择"色调"滤镜效果，如图 7-47 所示。

步骤 12 将选择的"色调"滤镜效果添加至视频片段上，在"视频检查器"窗口的"色调"选项区中，将"Amount"（数量）设置为 14.2，将"Color"（颜色）设置为青色，将"Protect Skin"（保护皮肤）设置为 100.0，如图 7-48 所示。

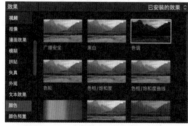 

図 7-47　　　　　　　　　　　　　　　　图 7-48

步骤 13 选择视频片段，执行"修改"|"平衡颜色"命令，如图 7-49 所示，解决画面中的色彩平衡及偏色问题。

步骤 14 在"检视器"窗口中预览调整后的效果，如图 7-50 所示。

图 7-49　　　　　　　　　　　　　　　　图 7-50

7.7　试演特效　新鲜水果调色

在制作好试演片段后，可以在"效果浏览器"窗口中选择滤镜效果进行添加，制作出试演特效。下面介绍制作试演特效的具体方法。

步骤 01　新建一个"事件名称"为"7.7 新鲜水果调色"的事件，在"事件浏览器"窗口的空白处右击，在弹出的快捷菜单中选择"导入媒体"命令，打开"媒体导入"对话框，在"名称"下拉列表中选择对应文件夹下的视频素材，然后单击"导入所选项"按钮，将选择的视频素材导入"事件浏览器"窗口，并为素材01～03设置好入点和出点，如图 7-51 所示。

步骤 02　选择添加的所有片段，用鼠标右键单击，在弹出的快捷菜单中选择"创建试演"命令，如图 7-52 所示。

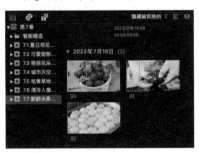

图 7-51　　　　　　　　　　　　　图 7-52

步骤 03　"事件浏览器"窗口中显示创建的试演片段，如图 7-53 所示。

步骤 04　选择试演片段，将其添加至"磁性时间线"窗口的视频轨道上，如图 7-54 所示。

图 7-53　　　　　　　　　　　　　图 7-54

步骤 05　在"效果浏览器"窗口的左侧列表框中选择"风格化"选项，在右侧的列表框中选择"电影颗粒"滤镜效果，如图 7-55 所示，将其添加至视频片段上。

步骤 06　参照步骤05为视频片段添加"风格化"选项中的"照片回忆"滤镜效果，如图 7-56 所示。

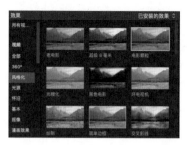
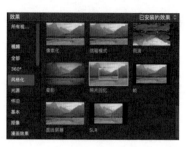

图 7-55　　　　　　　　　　　　　　　　图 7-56

步骤 07　在"检视器"窗口中预览添加滤镜效果后的画面效果，如图7-57 所示。

图 7-57

7.8　滤镜关键帧　制作变色效果

为视频添加滤镜效果之后，在"视频检查器"窗口为滤镜效果添加关键帧，可以制作出变色效果。下面讲解变色效果的具体制作方法。

步骤 01　新建一个"事件名称"为"7.8 制作变色效果"的事件，用鼠标右键在"事件浏览器"窗口的空白处单击，在弹出的快捷菜单中选择"导入媒体"命令，打开"媒体导入"对话框，在"名称"下拉列表中选择对应文件夹下的视频素材，单击"导入所选项"按钮，将选择的视频片段添加至"事件浏览器"窗口中，如图 7-58 所示。

步骤 02　在"事件浏览器"窗口中选择视频片段，将其添加至"磁性时间线"窗口的视频轨道上，并对其进行适当裁剪，如图 7-59 所示。

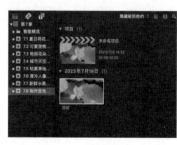

图 7-58　　　　　　　　　　　　　　　　图 7-59

步骤 03 选择视频片段，在"颜色检查器"窗口中单击"无校正"右侧的下拉按钮，在下拉列表中选择"＋颜色板"选项，如图 7-60 所示。

步骤 04 在"颜色检查器"窗口中单击"饱和度"按钮，并在该选项卡中将 4 个圆点向上适当拖曳，如图 7-61 所示。

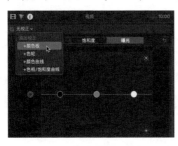 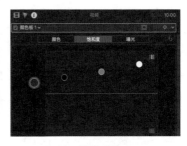

图 7-60   图 7-61

步骤 05 在"颜色检查器"窗口中单击"曝光"按钮，并在该选项卡中将第 4 个圆点向下适当拖曳，如图 7-62 所示。在"检视器"窗口中查看调整后的画面效果，如图 7-63 所示。

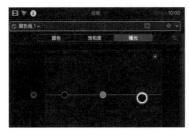 

图 7-62   图 7-63

步骤 06 在"效果浏览器"窗口的左侧列表框中选择"外观"选项，在右侧列表框中选择"50 年代电视机"滤镜效果，如图 7-64 所示，将其添加至视频片段上。

步骤 07 将播放指示器移至 00:00:00:00 位置，单击"Amount"（数量）右侧的"添加关键帧"按钮，添加一个关键帧，如图 7-65 所示。

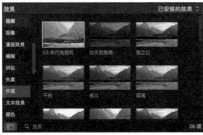 

图 7-64   图 7-65

步骤 08　将播放指示器移至视频的末端，在"视频检查器"窗口的"50年代电视机"选项区中，将"Amount"（数量）设置为0，系统将自动在播放指示器所在位置添加一个关键帧，如图7-66所示。

步骤 09　参照步骤06的操作方法为视频添加"光源"选项中的"快速闪光灯/旋转"滤镜效果，如图7-67所示。

图 7-66

图 7-67

步骤 10　在"检视器"窗口中单击"从播放头位置向前播放 - 空格键"按钮▶，预览最终画面效果，如图7-68所示。

图 7-68

第 8 章

输出管理: 视频
输出与项目管理

在学习了剪辑视频,添加滤镜效果、转场效果、字幕与音频,以及抠像、合成、调色等内容后,相信读者已经基本掌握了视频剪辑的操作流程及实用技巧。接下来还需要学习将视频项目导出的操作方法。在 Final Cut Pro 中,用户可以根据项目需求和播放环境选择合适的输出方式。本章将详细介绍输出视频与管理项目的相关操作。

8.1　播放设备 房地产宣传片

通过"共享"子菜单中的各个命令，可以将已经制作好的视频输出到 iPhone、iPad、Apple TV、Mac 和 PC 等播放设备上，方便用户随时随地观看。下面将介绍具体的操作方法。

步骤 01　完成视频的剪辑工作后，选择视频片段，执行"文件"|"共享"|"Apple 设备 1080p"命令，如图 8-1 所示。

步骤 02　打开"Apple 设备 1080p"对话框，在"信息"选项卡里设置项目文件的描述、创建者和标记信息，如图 8-2 所示。

图 8-1　　　　　　　　　　　　　　　　　图 8-2

▊ 提示

如果要设置视频项目的格式、分辨率和颜色空间，可以在"Apple 设备 1080p"对话框中单击"设置"按钮，在打开的"设置"选项卡中进行。在导出视频时，如果要指定某一个移动设备，则可以在"设置"选项卡中，将鼠标指针悬停在计算机图标◻上方，将会显示播放该视频的移动设备名称，选择合适的移动设备即可。

步骤 03　完成信息的设置后，单击"下一步"按钮，进入存储对话框，设置好存储路径，单击"存储"按钮，如图 8-3 所示。

图 8-3

步骤 04　将视频共享到播放设备中，并且该设备上会出现共享成功的提示，如图 8-4 所示。

图 8-4

8.2　导出文件　智慧家居广告

　　使用"导出文件默认"命令可以将项目导出为QuickTime视频。Final Cut Pro提供了优质的Apple Pro Res系列编码格式，该系列编码格式由苹果公司独立研制，具备多种帧尺寸、帧率、位深和色彩采样比例，能够完美地保留原始文件的视频质量。

　　步骤01　完成剪辑工作后，选择视频片段，执行"文件"|"共享"|"导出文件（默认）"命令，如图8-5所示。

　　步骤02　打开"导出文件"对话框。在"信息"选项卡里设置项目文件的描述、创建者和标记信息，如图8-6所示。

图 8-5　　　　　　　　　　　　　　　　图 8-6

　　步骤03　单击"设置"按钮，切换至"设置"选项卡，在"格式"下拉列表中选择"视频和音频"选项，如图8-7所示。

　　步骤04　设置完成后，单击"下一步"按钮，打开存储对话框，设置好存储路径，单击"存储"按钮，如图8-8所示。

图 8-7　　　　　　　　　　　　　　　　图 8-8

　　步骤05　共享的视频将存储到Mac中，Mac上会出现共享成功的提示，如图8-9所示。

■提示

　　在导出文件时，如果只需要导出项目中的某一部分，可以先在"事件侧光器"窗口中为该项目设置出点和入点，然后在"磁性时间线"窗口中进行框选，再执行"共享"|"导出文件（默认）"命令。

图 8-9

8.3 单帧图像 商业活动预告

如果需要使用第三方软件为视频中的某个画面制作特殊效果，那么就要将视频输出为单帧图像或序列。在Final Cut Pro中，使用"存储当前帧"命令可以直接将视频中的某一帧导出为单帧图像。下面介绍导出单帧图像的具体方法。

步骤01 选择视频片段，将播放指示器移至00:00:19:01位置，执行"文件"|"共享"|"添加目的位置"命令，如图8-10所示。

步骤02 打开"目的位置"对话框，在右侧的列表框中选择"存储当前帧"选项后双击，如图8-11所示。

图 8-10

图 8-11

步骤03 左侧的列表框中会添加"存储当前帧"选项，如图8-12所示。

步骤04 执行"文件"|"共享"|"存储当前帧"命令，如图8-13所示。

图 8-12

图 8-13

步骤05 打开"存储当前帧"对话框，在"设置"选项卡的"导出"下拉列表中选择"JPEG图像"选项，然后单击"下一步"按钮，如图8-14所示。

步骤06 打开存储对话框，设置好存储路径，在"存储为"文本框中输入"单帧图像"，单击"存储"按钮，如图8-15所示，即可将选择的帧导出为单帧图像。

图 8-14

图 8-15

步骤 07 在 Mac 中预览导出的单帧图像效果，如图 8-16 所示。

图 8-16

8.4 序列帧 毕业纪念短片

序列帧是一组静止的图像序列。如果一个视频的帧速率为 25fps，则在导出时，每秒将导出 25 张静帧图像。下面介绍导出序列帧的具体方法。

步骤 01 在"事件浏览器"窗口中设置好视频的入点和出点，如图 8-17 所示。执行"文件"|"共享"|"添加目的位置"命令，如图 8-18 所示。

图 8-17

图 8-18

步骤 02 打开"目的位置"对话框，在右侧的列表框中选择"图像序列"选项后双击，如图 8-19 所示，即可在左侧的列表框中添加"导出图像序列"选项，如图 8-20 所示。

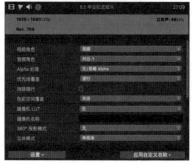

图 8-19   图 8-20

步骤 03 执行"文件"|"共享"|"导出图像序列"命令，如图 8-21 所示。

步骤 04 打开"导出图像序列"对话框，在"设置"选项卡的"导出"下拉列表中选择"TIFF 文件"选项，然后单击"下一步"按钮，如图 8-22 所示。

图 8-21   图 8-22

步骤 05 打开存储对话框，设置好存储路径，在"存储为"文本框中输入"序列帧"，单击"存储"按钮，如图 8-23 所示，即可将视频片段导出为序列帧。

步骤 06 在 Mac 中预览导出的序列帧效果，如图 8-24 所示。

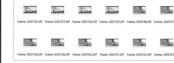

图 8-23   图 8-24

■■■ **提示**

导出序列帧需要选择导出范围，如果不选择导出范围，那么导出的序列将会是整个轨道中的画面序列。

8.5 XML 文件 综艺宣传视频

XML是一种常用的文件格式，用来记录轨道中片段的开始点与结束点，以及片段的结构性数据。使用Final Cut Pro输出的XML文件很小，只有几百KB，它可以很方便地在第三方软件中打开，并且能够完整复原片段在Final Cut Pro中的位置结构。

步骤 01 打开需要导出的项目文件后，执行"文件"|"导出XML"命令，如图 8-25所示。

步骤 02 打开"导出XML"对话框，如图 8-26所示，在该对话框中设置好文件名称及存储位置后，单击"存储"按钮，即可导出XML文件。

图 8-25　　　　　　　　　　　　　　图 8-26

步骤 03 启动剪映软件，在剪映的主界面单击"导入工程"按钮，如图 8-27所示。进入导入工程对话框，打开XML文件所在的文件夹，选择刚刚导出的XML文件，单击"打开"按钮，如图 8-28所示。

图 8-27　　　　　　　　　　　　　　图 8-28

步骤 04 将导出的XML文件在剪映软件中打开，如图 8-29所示。

▇ 提示

导出的XML文件的扩展名为".fcpxmld"。".fcpxmld"文件只保存剪辑信息，不会保存在剪辑过程中所使用的文件。

图 8-29

第 9 章

综合实例: 青春纪念旅行相册

　　旅行相册是一种记录旅途中所见所闻的方式，其中的照片和简短的文字能让我们回味在路上的乐趣。制作旅行相册时，通常会以亮丽的风景作为表现重点，根据自己的喜好对图片、视频、音乐及文字进行搭配，组成设计感十足的短片。